创意服装设计系列

丛书主编 李 正

杨希楠 罗婧予 王财富 李正 编著

服装陈列设计

U0230495

化学工业出版社

·北京·

内容简介

本书系统介绍了服装陈列的设计原理、设计方法和美学标准，系统展示了服装陈列设计工作所必需的项目与流程。内容涵盖：服装陈列设计的基础概念与基本要素，空间设计与规划，橱窗展示，视觉色彩表现，陈列设计中的照明设计，视觉营销方法，以及品牌案例。

本书大量选用国内外现当代有代表性的优秀服装陈列设计案例进行介绍与剖析，图文并茂，通俗易懂，可读性强。本书既可作为高等院校服装设计、展示设计的专业教材，也可作为服装行业相关从业人员以及服装爱好者的参考用书。

图书在版编目 (CIP) 数据

服装陈列设计 / 杨希楠等编著 . —北京：化学工业出版社，2022.10（2024.2重印）
（创意服装设计系列 / 李正主编）
ISBN 978-7-122-41968-2

Ⅰ．① 服… Ⅱ．① 杨… Ⅲ．① 服装 - 陈列设计 Ⅳ．① TS942.8

中国版本图书馆 CIP 数据核字（2022）第 142055 号

责任编辑：徐　娟　　　　　文字编辑：刘　璐　　　　　装帧设计：刘丽华
责任校对：宋　夏

出版发行：化学工业出版社（北京市东城区青年湖南街 13 号　邮政编码 100011）
印　　装：北京宝隆世纪印刷有限公司
787mm×1092mm　1/16　印张 11　字数 225 千字　2024 年 2 月北京第 1 版第 2 次印刷

购书咨询：010-64518888　　　　　　　　售后服务：010-64518899
网　　址：http://www.cip.com.cn
凡购买本书，如有缺损质量问题，本社销售中心负责调换。

定　　价：68.00 元

序

服装艺术属于大众艺术，我们每个人都可以是服装设计师，至少是自己的服饰搭配设计师。但是，一旦服装艺术作为专业教学就一定需要具有专业的系统性理论以及教学特有的专业性。在专业教学中，教学的科学性和规范性是所有专业教学都应该追求和不断完善的。

我从事服装专业教学工作已有 30 多年，一直以来都在思考服装艺术高等教育教学究竟应该如何规范、教师在教学中应遵循哪些教学的基本原则，如何施教才能最大限度地挖掘学生的潜在智能，从而培养出优秀的专业人才。因此我在组织和编写本丛书时，主要是基于以下基本原则进行的。

一、兴趣教学原则

学生的学习兴趣和对专业的热衷是顺利完成学业的前提，因为个人兴趣是促成事情成功的内因。培养和提高学生的专业兴趣是服装艺术教学中不可或缺的最重要的原则之一。要培养和提高学生的学习兴趣和对专业的热衷，就要改变传统的教学模式以及教学观念，让教学在客观上保持与历史发展同步乃至超前，否则我们将追赶不上历史巨变的脚步。

意识先于行动并指导行动。本丛书强化了以兴趣教学为原则的理念，有机地将知识性、趣味性、专业性结合起来，使学生在轻松愉快的氛围中不仅能全面掌握专业知识，还能学习相关学科的知识内容，从根本上培养和提高学生对专业的学习兴趣，使学生由衷地热爱服装艺术专业，最终一定会大大提高学生的学习效率。

二、创新教学原则

服装设计课程的重点是培养学生的设计创新能力。艺术设计的根本在于创新，创新需要灵感，而灵感又源于生活。如何培养学生的设计创造力是教师一定要研究的专业教学问题。

设计的创造性是衡量设计师最主要的指标，无创造性的服装设计者不能称其为设计师，只能称之为重复劳动者或者是服装技师。要培养一名服装技师并不太难，而要培养一名服装艺术设计师相对来说难度要大很多。本丛书编写的目的是培养具备综合专业素质的服装设计师，使学生不仅掌握设计表现手法和专业技能，更重要的是具备创新的设计理念和时代审美水准。此外，本丛书还特别注重培养学生独立思考问题的能力，培养学生的哲学思维和抽象思维能力。

三、实用教学原则

服装艺术本身与服装艺术教学都应强调其实用性。实用是服装设计的基本原则，也是服装设计的第一原则。本丛书在编写时从实际出发，强化实践教学以增强服装教学的实用性，力求避免纸上谈兵、闭门造车。另外，我认为应将学生参加国内外服装设计与服装技能大赛纳入专业教学计划，因为学生参加服装大赛有着特别的意义，在形式上它是实用性教学，在具体内容方面它对学生的创造力和综合分析问题的能力有一定的要求，还能激发学生的上进心、求知欲，使其能学到在教室里学不到的东西，有助于开阔思路、拓宽视野、挖掘潜力。以上教学手段不仅能强调教学的实用性，而且在客观上也能使教学具有实践性，而实践性教学又正是服装艺术教学中不可缺少的重要环节。

四、提升学生审美的教学原则

重视服饰艺术审美教育，提高学生的艺术修养是服装艺术教学应该重视的基本教学原则。黑格尔说：审美是需要艺术修养的。他强调了审美的教育功能，认为美学具有高层次的含义。服装设计最终反映了设计师对美的一种追求、对于美的理解，反映了设计师的综合艺术素养。

艺术审美教育，除了直接的教育外往往还离不开潜移默化的熏陶。但是，学生在大的艺术环境内非常需要教师的"点化"和必要的引导，否则学生很容易曲解艺术和美的本质。因此，审美教育的意义很大。本丛书在编写时重视审美教育和对学生艺术品位的培养，使学生从不同艺术门类中得到启发和感受，对于提高学生的审美力有着极其重要的作用。

五、科学性原则

科学性是一种正确性、严谨性，它不仅要具有符合规律和逻辑的性质，还具有准确性和高效性。如何实现服装设计教学的科学性是摆在每位专业教师面前的现实问题。本丛书从实际出发，充分运用各种教学手段和现代高科技手段，从而高效地培养出优秀的高等服装艺术专业人才。

服装艺术教学要具有系统性和连续性。本丛书的编写按照必要的步骤循序渐进，既全面系统又有重点地进行科学的安排，这种系统性和连续性也是科学性的体现。

人类社会已经进入物联网智能化时代、高科技突飞猛进的时代，如今服装艺术专业要培养的是高等服装艺术专业复合型人才。所以服装艺术教育要拓展横向空间，使学生做好充分的准备去面向未来、迎接新的时代挑战。这也要求教师不仅要有扎实的专业知识，同时还必须具备专业之外的其他相关学科的知识。本丛书把培养服装艺术专业复合型人才作为宗旨，这也是每位专业教师不可推卸的职责。

我和我的团队将这些对于服装学科教学的思考和原则贯彻到了本丛书的编写中。参加本丛书编写的作者有李正、吴艳、杨妍、王钠、杨希楠、罗婧予、王财富、岳满、韩雅坤、于舒凡、胡晓、孙欣晔、徐文洁、张婕、李晓宇、吴晨露、唐甜甜、杨晓月等18位，他们大多是我国高校服装设计专业教师，都有着丰富的高校教学经验与著书经历。

为了更好地提升服装学科的教学品质，苏州大学艺术学院一直以来都与化学工业出版社保持着密切的联系与学术上的沟通。本丛书的出版也是苏州大学艺术学院的一个教学科研成果，在此感谢苏州大学教务部的支持，感谢化学工业出版社的鼎力支持，感谢苏州大学艺术学院领导的大力支持。

在本丛书的撰写中杨妍老师一直具体负责与出版社的联络与沟通，并负责本丛书的组织工作与书稿的部分校稿工作。在此特别感谢杨妍老师在本次出版工作中的认真、负责与全身心的投入。

李正 于苏州大学

2022 年 5 月 8 日

前　言

十九世纪末，服装陈列设计略见形貌，二十世纪二三十年代初步成为一个相对独立的职业。服装陈列设计师的职责是在面向顾客的固定营销场所，通过对服装产品及其空间的布置，力图展现服装产品的内在含义、价值定位、品牌文化以及销售战略等内容。

在日益个性化、多元化、信息化、全球化的现代社会，从客观事物到主观情感、从数字化到智能化，全球生态环境可持续发展等时代关键词在不断地发生着改变，或直接或间接地影响着人们的生活方式与价值观。在人类的"五感"中，视觉感受具有最高的吸引力。为了活跃服装商业空间、卖场空间，视觉表现的技巧和方法十分关键，它们不仅要求将服装"完整地陈列出来"，还要求陈列设计师必须拥有综合且广泛的知识面、创造力和感性思维，在此基础上，运用专业的知识、技术、创意、设计进行综合的空间陈列。

本书是融合了灯光、色彩、搭配、道具、消费心理和品牌形象多种元素的教学用书，适合于多个方向的人群，尤其是服装设计专业的学生。服装陈列设计师不仅要展示商品，连接品牌文化和销售区域，更需要掌握贴近生活的陈列方式。好的服装陈列，可以提升品牌形象，创造视觉生活享受，提高销售量。无论橱窗还是卖场，都需要密切地将服装、品牌与目标客户融合在一起。

本书由杨希楠、罗婧予、王财富、李正编著。第一章、第二章、第三章、第五章和第六章由杨希楠编著；第四章、第八章由罗婧予编著；第七章由王财富编著；李正教授负责全书统稿与修正。另外，感谢苏州高等职业技术学校的杨妍老师在本书编著过程中提供支持。本书在编著过程中还得到了苏州大学艺术学院、苏州大学艺术研究院、上海工程技术大学艺术设计学院的领导与教师的支持。本书在编著过程中还参考了大量的有关著作及文献，在此对资料的提供者表示感谢。

在编著本书的过程中，我们力求做到精益求精、由浅入深、从局部到整体、图文并茂、步骤详实、易学易懂、突出系统性和专业性。但是，受时间和水平限制，加之科技、文化和艺术发展的日新月异，服装陈列设计的时尚潮流不断演变，书中还有一些不完善的地方，敬请专家、读者对本书存在的不足和偏颇之处能够不吝赐教，以便再版时修订。

编著者

2022 年 7 月

目 录

第七章　服装陈列设计与视觉营销 / 133

第八章　服装陈列设计的品牌营销策略与案例分析 / 150

第一章
绪　论

服装陈列设计不仅含有展示服装商品、宣传主题的意图，还能够使观众参与其中，达到充分沟通的目的。这样的空间形式，我们一般称为陈列空间。陈列空间的创作过程称为陈列设计。由于陈列空间能够令观众在观看过程中从多方位感受陈列空间的氛围，因此这也是一门综合性较强的商业设计艺术。

从空间上看，它既具备建筑空间的艺术风格，又极具象征性和表现主义精神。从平面上看，每个陈列面的设计都充分显示了视觉传达的魅力。随着科学技术的不断进步，陈列设计融入了大量的科技手段，因此，陈列设计亦是一项技术含量很高的设计工作。同时，为了促使主办方与观众更好地交流，必要的商业营销手段也成为陈列空间的设计特色之一（图1-1）。

图 1-1　运用综合手段设计营造的服装陈列空间

第一节　服装陈列设计的起源与发展

本节叙述了服装陈列设计的起源以及服装陈列设计的发展内容。服装陈列设计的起源可以追溯到古代陈列形式的萌芽。工业革命之后，随着服装产业的发展，服装陈列逐渐成为一门专业化、职业化的技术工作，服装店面陈列设计行业也逐渐形成。此外，本节还介绍了服装陈列设计师的具体职责，服装陈列设计的目的、手段、方法，以及服装陈列设计中的形象转换与思维转换，它们都在服装陈列设计的发展中不断更新、进化。

一、服装陈列设计的起源

最初的商品陈列起源于"市"。古代的人们聚集在集市上,通过集市上"陈列"的物品进行物物交换或各种信息交换。不久,商人在集市上驻居下来,开设了店铺,后又逐渐形成了市镇。经历了从"摊"到"店",从"陈列、展示"商品,到"重点展示"商品的过程。

近现代的服装陈列最早起源于 19 世纪欧洲工业革命带来的商业和零售业的繁荣。它作为大工业生产模式下的服装产业必不可少的构成环节,在欧美等发达国家已经繁荣发展了百余年。19 世纪中期,查尔斯·沃斯将自己的服装店布置成沙龙的形式,别出心裁地设计室内陈设、照明,并使用人台来展示自己的设计作品,开创了服装店面陈列设计行业之先河。

中国服装陈列设计的起源,主要聚焦在 20 世纪 20 ~ 30 年代的上海。当时的上海开设了中国第一批百货公司,包括著名的永安百货公司、大新公司、先施公司等(图 1-2、图 1-3)。当时,本土百货公司的创立者引进西方百货商店的销售、运营模式,同时从外国进口"洋货"进行销售,谓之"统办环球百货"。在此基础上,西式商品陈列方式也应运而生,通过数十年的在地化发展,形成如今符合中国人审美习惯和消费习惯的陈列设计。

图 1-2　上海永安百货公司

图 1-3　"统办环球百货"的上海先施公司

从不同的视角来验证市场营销、商品形象以及视觉形象之间的关联能够发现,市场营销的思维方式与商品销售的思维方式之间是相关联的。另外,视觉商品定位与商品定位互为表里,这种营销理念在 20 世纪 30 年代的美国开始逐渐形成,真正形成体系化则是在 50 年代。之后便向着更加体系化、理论化的方向发展。

改革开放后,中国的服装陈列行业经过 40 多年的锤炼,已经在本土形成相对成熟的服装行业产业链。与 20 世纪依靠广告公司或装潢公司委托进行陈列设计不同,如今,具有一定规模的服装品牌都拥有专属的展陈设计部门或团队。这种举措能够最大限度地延续品牌陈列设计的调性,保证品牌风格的统一和质量的稳定。相较于欧美等国家概念化、抽象化、个性化的设计理念,具有中国本土化特点的服装陈列设计更加强调视觉效果的和谐统一,也更加契合商业销售目的(图 1-4)。

图 1-4 "新中式"服装陈列设计

二、服装陈列设计的发展

通过创意与创造，服装陈列设计师要将大部分展示空间转化为引人注目且高效的销售空间。过去视觉营销的重点主要放在对服装店面、门头、橱窗的设计打造上，而今天，这一设计领域所牵涉的内容早已被极大拓展，设计师的任务不再仅仅局限于打造门头或橱窗，而是要全程参与服装商店和卖场的设计工作。其中主要包括：空间设计布局、服装商品销售策划、色彩选用、风格定位、照明布局等一切与视觉有关的企划和实施工作（图 1-5）。

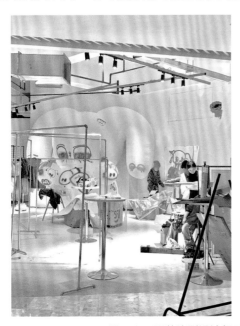

图 1-5 服装陈列设计师正在布置服装陈列与展示空间

经济的发展使得消费形态日趋多样化，导致消费者的购买行为多样化，所对应的陈列模式也不尽相同。表1-1整理概括了自20世纪60年代以来，随着时代的变化视觉营销的变迁。

表1-1 视觉营销（VMD）的时代变化与主流陈列模式

项目	20世纪60年代	20世纪70年代	20世纪80年代	20世纪90年代至今
时代定义	"装饰"的时代	"陈列"的时代	"展示空间"的时代	"视觉营销（VMD）"的时代
空间寓意	功能性空间	象征性空间	舒适空间	生活文化空间
消费形态	售货员劝导性购买行为	自我选择商品的购买行为	根据不同生活方式选择合适的购买行为	消费形态多样化的购买行为
陈列模式	百货商店	超市、大型卖场	连锁专卖店	复合零售业

1. 服装陈列设计师的具体职责

一个优秀的服装陈列设计师不仅要掌握专业的陈列设计知识和技能，还要尽可能全面解读服装品牌特质。明确服装商品的风格、定位、目标消费人群等要素，时刻把握一手时尚资讯，及时了解设计的新材料、新规范。再加上越来越多的国际知名服装品牌进驻中国，巨大的品牌效应、专业的营销团队，都为中国服装行业带来深刻的刺激与挑战。更多人开始发觉陈列设计对品牌打造和商品销售的重要作用，也会不惜重金引进国外优秀著名设计师的设计方案或有创意的设计方案。

2. 服装陈列设计的目的、手段、方法

面向消费者的陈列设计，必须要明确以下几方面要素，即"何时""何地""做什么""如何做""用什么做"，以及陈列设计的"目的""手段""方法"。图1-6通过梳理分类关系，确定了不同商品陈列的基本关联与定位，因此有助于检查和整理商品陈列的组织结构、创意内容，并分析其优缺点，也能作为综合策划服装陈列时的基础理论框架。

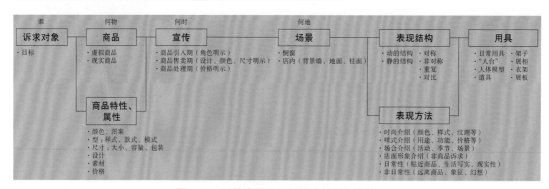

图1-6 服装商品展示的基本关联与定位

服装行业视觉营销的终端目标是：主要通过视觉进行差异化竞争，从而达到展现企业、品

牌、产品的竞争力、独特性，以及与同类型产品差异化的目的，最终实现视觉营销的终极目标。值得注意的是，终极目标并非单纯用销售业绩进行衡量，而是通过服装商品的陈列设计，将其具有的特点、优势、价值等要素，以视觉形式传达给顾客。明确顾客购买的不仅仅是商品，而是商品背后拥有的价值感、美感乃至文化性。

3. 服装陈列设计中的形象转换与思维转换

服装商品的形象是由颜色、材质、尺寸等要素综合而成的。即便是同一款服装，不同的宣传方法也会给人留下不同的印象。商品的排列顺序和陈列方式甚至会改变商品的整体气质外观。

（1）理解人的行为特性。一般情况下，人们的视线首先会条件反射般集中在闪烁的光亮和艳丽的色彩上，相较于小的服装细节、饰物细节，新奇的形状和庞大的体量更能够获得关注（图1-7）。并且人们通常不喜欢弯腰，对蹲下的动作也有抵触感；明亮的地方具有安全感，黑暗的地方容易产生不安全感；比起门面狭窄、进深较深的空间，人们更愿意进入门面宽敞、进深浅的空间。

图 1-7　更能引人关注的巨大、夸张的物体

为了有效地布置店铺，最好先了解人的行动特性（表1-2），例如人们视线的移动惯性、身体的移动惯性等。在服装销售的陈列空间中，购买方与销售方的行动会因双方的想法和立场不同而不同。仅从销售方的立场出发布置的卖场陈设，对于销售人员来说既合理又便于行动和管理；但是，从购买者的角度来看，这个空间就很可能是不舒适、不愉悦的。因此，从购买者的需求角度来设计服装销售陈列空间，才是陈列设计的基础出发点。

表 1-2　人的行动特性

类型	人所采取的行动
高低	喜欢从高到低移动；不喜欢脚下凹凸不平
光线	关注明亮的方向或向那移动
视线	从左向右水平移动
关注物	关注闪烁的、巨大的、迷你的、珍奇的、华丽的物品
洄游性	喜欢右侧是开放空间；在T字路口倾向选择向右拐的近路

（2）顾客对服装店的需求。顾客在选购服装商品时首先会根据预先想要购买的商品类型来选择店铺。顾客对各种服装商品有着不同的价值判断标准，会对商品进行筛选，也会对购物的商店（卖场）进行筛选。特别是经常购买的服装商品，它们影响着顾客的生活方式，也体现了顾客的价值观和审美品位。

近年来，这种多元设计兼备的综合性商业设施通常还会设计一个商业主题以吸引顾客。其理念是：无论哪种业态，顾客都有一个共同的追求要素，那就是有自己想要的东西，且能够愉快、舒适地购物（图1-8）。

图1-8　综合考虑多种要素与条件的购物中心

第二节　服装陈列设计的目的

服装陈列设计是服装宣传、服装营销、服装艺术表现、服装美学展现的重要方法和必要手段。服装陈列设计主要通过视觉表现手法，将某种服装理念、创作思想和设计意图转化为一种直观形象的创造性行为。它涵盖了美学、心理学、视觉艺术、营销学、广告学、建筑学等多领域知识，同时利用各种道具，结合文化及服装定位，运用各类陈列技巧将服装的特性表现出来。

一、体现服装的商品价值

服装的静态陈列是服装营销的重要组成部分，也是服装商业活动中必不可少的一种常见形式。成功的服装陈列设计不但能够展示设计创意，更能提升服装商品价值、企业形象和社会影响力。因此，商业服装的陈列要求与艺术类服装在许多方面是有差异的，包括陈列效果、陈列时间、陈列地点、陈列的对象、陈列的后续效应等。即商业服装的主要性质是成衣的属性，而艺术类服装的主要性质是艺术表演与视觉冲击欣赏的属性。无论两者以什么性质作为主要呈现，陈列设计的表达形式是不尽相同的。

在服装陈列设计工作中有效体现服装商品的价值，需要将商品展示与市场营销、商品销售和促销方法等充分关联起来，在体现服装商品价值的同时，更要追求商品的附加值。应该有意识地从大众视角出发，将服装陈列设计置于营销语境中进行研究。

服装陈列设计是一种重要的对服装进行视觉营销的手段。而视觉营销的重要目的之一就是实现服装的商品价值。图 1-9 梳理了视觉营销（VMD）与商品企划（MD）、商品陈列形式（MP）、店铺空间设计与规划布局（SD）、主题陈列（VP）等相互间的职能关系，以及对各项内容的具体分析。

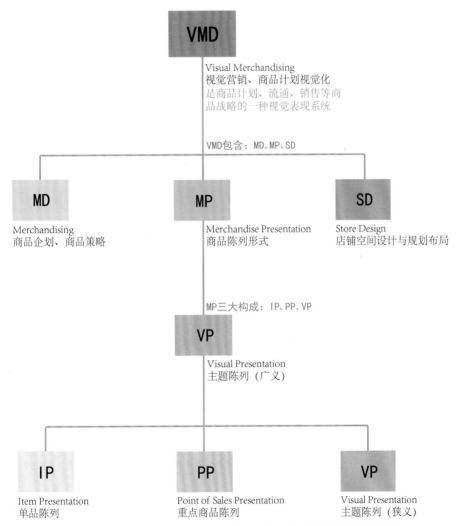

图 1-9 视觉营销 VMD 与 SD、MD、MP、VP 等相互间的职能关系

二、塑造品牌的商业价值

服装品牌的商业价值塑造主要包含维护商家信誉、提升品牌社会责任感以及提升品牌知名度。

服装陈列设计在蕴含商业价值的同时，又必须蕴含丰富的文化内涵。因此，越来越多的消费者对服装的需求也不再单一，在满足实用需求的同时，还需要能满足精神需求、审美需求的品牌。

1. 创造品牌价值

视觉营销可以促进销售，减少销售上的不合理和浪费，合理地经营卖场，打造适合顾客的销售场所。"想在这家店买这款商品"，是顾客对商店赋予的一种"购买价值"。视觉营销就是为了这种价值而进行的活动（图1-10）。

2. 店铺即是品牌

店铺必须充分明确顾客选择的理由，尽可能地满足顾客的期待。选择的理由有千千万，包括商品款式、价格、陈列环境、销售方式等。其中既有其他店铺无法模仿和复制的优点，同时也有不如其他店铺的一些问题。并且，店铺本身就是品牌，店铺的价值就是品牌的价值。店铺设计是在今后的服装行业竞争中立于不败之地的关键（图1-11）。

图 1-10　路易·威登橱窗陈列设计　　　　图 1-11　蒂芙尼门店设计

三、培养公共审美价值

服装陈列设计对培养社会公共价值和审美价值具有一定作用，主要体现在：塑造人们的审美观念和价值观念、践行环保理念和可持续发展观念。

1. 塑造人们的审美观念和价值观念

（1）营造魅力空间，展现看不见的魅力。这就需要在必要方面进行重点设计。有时为了营造氛围、引起话题，还会重点关注顾客的兴趣爱好，装点合适的绘画或装饰（图1-12）。服装陈列空间就像迎接客人造访的"家"一样，要给初次来店的顾客，在购买了自己喜欢的商品后，留下"还想再来"的良好印象，还原一个优质店铺陈列的原貌。为此，必须考虑如何打造让顾客想买、想来的舒适的服装陈列状态（图1-13）。

图1-12　适当装点工艺品营造的魅力空间

图1-13　温馨如"家"的陈列空间

（2）四个"E"和四个"F"。在服装陈列空间的设计运营中，如果想要通过陈列设计培养公共审美价值，便需要妥善把握四个"E"和四个"F"。

四个"E"具体如下。

Excitement——激动人心。灯光、色彩、艺术品、卖点广告（POP）等，店内外都有极具视觉冲击力的设计。

Entertainment——娱乐。以执行企划为首，其中考虑到揽客效果的适时且有趣的互动活动。

Enjoyment——享受、愉快。店内布置、商品搭配等都很有品位，能满足感官需求，营造一个令人愉悦的舒适环境。

Experience——卓越的顾客体验。与网购不同，给予特意来店的顾客以购物体验的满足感。

四个"F"具体如下。

Fresh——新鲜。经常发布新的信息（新的商品介绍、新的企划介绍等），并持续更新。

Feeling——感性。具备能注意到各种事物的细腻、执着的能力，以及对事物的感知力等。与此同时，从事销售工作的人也是一样，都需要经过感性化的磨炼。

Fashion——时尚。顾客总是抱着某种期待来店，通过展示日常生活中体验不到的"非日常性"的氛围，来引导顾客展开美好想象。

Feminine——女性化。严肃的卖场环境和卖场氛围是不合适的，卖场需要有心平气和、体贴周到的氛围表现。

2.践行环保理念和可持续发展观念

通过简洁现代的设计手法，将自然和功能融于一体，创造出自然通风、自然采光、自然景观、视野开阔的陈列环境，实现绿色、环保、可持续的创意理念，实现人、空间、自然与艺术紧密的结合。

创造可持续的陈列空间，不仅能促进全社会建立起绿色美学价值观，还能进一步推动服装行业向能源节约和生态平衡的方向发展。服装陈列设计师应倡导绿色环保理念，利用科学技术和新的设计元素，创造出具有较高文化内涵、合乎人性的陈列空间，走可持续发展道路。

（1）陈列设计材料的可持续发展。推崇服装材质的环保和可持续发展。从原料生产到加工，完全从保护生态环境的角度出发，避免使用化学印染原料和树脂、石油等破坏环境、浪费资源的物质。"环保风"和现代人返璞归真的内心需求相结合，使生态服装、绿色服装逐渐成为时装领域的新潮流（图1-14）。

（2）可持续发展的陈列设计主题。创造、推广可持续发展的陈列设计主题，可以从陈列形式、陈列色彩等方面进行表达。服装陈列设计中的绿色环保理念主要体现在三个方面，分别是环保主义的陈列设计、自然主义的陈列设计、简约主义的陈列设计。

环保主义的陈列设计可以采用可拆卸重组、重复利用、回收再循环的陈列主题道具，这种方式具有减轻资源压力、保护生态环境的作用。

自然主义的陈列设计强调设计与自然的和谐共生之美，提倡自然、淳朴的设计语言。主题造型上强调原始环境中自然随意的风格以及田园牧歌式的诗意美感。

简约主义的陈列设计是充分表达现代人追求的生活理念，它的设计思路主要包括操作的简单化、结构的简洁化、细节的精致化。遵循"少即是多（less is more）"的设计美学原则，重视机能设计而不仅仅是形式设计（图1-15）。

图1-14 可持续发展的陈列材料

图1-15 可持续发展主题陈列

（3）可持续发展的最高境界——天人合一。中国自古被誉为"衣冠上国"，各个朝代、不同民族均有其代表性的服饰。"天人合一"是中国传统文化的基本精神之一，如今"天人合一"已有了更深层次的内涵。首先，它要求服装陈列空间尽可能与周围环境和谐共处；其次，"天人合一"的内涵也符合当今的国际大环境。环境恶化、资源枯竭、空气污染等都表明设计应回归自然、与自然和谐共处，从自然中获取素材（图1-16）。

图 1-16　回归自然的原料萃取方式

第三节　服装陈列设计的原则

服装陈列设计涵盖艺术、时尚、文化、商业等诸多方面，通过展现直观的视觉形象从而引起消费者的兴趣并刺激消费。陈列设计是一门具有综合性质的专业学科，必须遵循功能性、文化性、艺术性、科学性等设计原则。

此外，许多服装品牌每个季度都会制作、派发专门的陈列指导手册。手册详尽说明了门店陈列的各个要点，包括出样商品、如何安排出样、款式之间如何搭配等。所有标准规范都必须依照指导手册实施。

一、功能性原则

服装陈列设计的功能性受到以下几方面因素的直接影响：

① 随着生活方式的改变，商品销售的思维也在发生转变；

② 必须强化商品销售的重要功能之一，即产品展示；

③ 由于竞争的日渐激烈化，陈列设计的必要性增加；

④ 随着社交效率的提高，应对购物行为的快速化成为服装销售行业中的一环；

⑤ 进行思考和判断后，以视觉为导向的顾客增加了，在视觉信息表达上，陈列设计必须能够清晰、简单、直接地传达信息；

⑥ 自我选择成为消费端和供给端双方的需求，其背景是人工费用的上涨；

⑦ 专业教育的普及和图像表现方法的体系化，促进了技术与技能的发展；

⑧ 服装商品管理技术涉及精确的单品管理，需要系统直观地传达商品的颜色、尺寸等信息。

二、文化性原则

消费者是否驻足初次光顾的商店或卖场，都是在一瞬间做出的决定。站在消费者视角，店内销售的是哪类商品？有没有自己想要的东西？消费者在经过的瞬间便迅速做出了判断。当然，店铺也会"选择"顾客。以特定目标人群为销售对象的服装店铺，会通过橱窗装饰或出入口装饰来筛选顾客。

无论东方还是西方，服装市场的营销和陈列设计技巧中都蕴藏着传统的智慧，它是科学、文化与经验的集结。通过对无数实践案例的总结，在不断精练化、体系化、规范化后，形成"陈列设计方法手册"。

三、艺术性原则

1. 在陈列中活用东西方审美意识

东方与西方审美意识的差异，表现在绘画、雕塑、建筑、艺术品、装饰品、料理等诸多领域。商品的陈列主题、设计手法、卖点广告等的设计中也能看到这些审美要素的影响。

在西方，从庭院、陶瓷、插画、冷盘等可以看出，圆形、重复构成、对称等有秩序的形态和设计有很多（图1-17）。与之相比，东方人喜欢的形式与设计，在空间观念和时间观念上都包含着"间"的意识，以山水画和中式庭院为代表，它们都倾向于表达一种微妙的间隔（图

1-18）。在卖场内设计的商品表现，虽然考虑并使用了各种各样的设计意图与设计手段，但无论哪种方法，都要令看到的顾客产生某种共鸣和感动。

图 1-17　西方有秩序的形态和设计

图 1-18　具有"间"的美学意识的东方设计

2.重复表达所需的"美"的要素

在进行视觉表现的时候，如果没有依照任何标准随意摆放商品，对顾客来说是很难具备吸引力的。那么，顾客眼中什么才是美的呢？虽然没有衡量"美"这一感觉的明确且统一的标准，但了解创造美的原理、原则就是其中的一项衡量尺度，即了解美的形式原理。

虽然这不是绝对的，但"美"可以说是服装陈列设计表现中不可或缺的重要因素。美的陈列空间、美的陈列内容、美的陈列形式都能令顾客着迷。

"美"的要素主要包含以下内容。

（1）和谐、点缀。根据一定秩序构成，呈现均等、整齐、并列的状态。美有端庄、安静的，同时也有单调、冲击力弱的一面。改变一处颜色或形状，冲击力就会瞬间增强（图 1-19）。

（2）均衡、平衡。对称平衡（左右均衡）给人权威的、坚固的、安静的印象，稳定、保守的感觉；不对称平衡（左右不均衡）则给人一种柔软、动感的印象，自由、舒展的感觉（图 1-20）。

（3）对称、比例。与均衡有相似性，有线对称、点对称、面对称，给人稳定、沉静的印象；也有对称和不对称之分（图 1-21）。同时，也可以将在大自然

图 1-19　服装陈列设计中的和谐与点缀

中看到的美丽的排列、黄金分割等运用在服装陈列设计中。

图 1-20　服装陈列设计中的均衡与平衡　　　　图 1-21　服装陈列设计中的对称

（4）对比、强调。对比是把大与小、黑与白、软与硬等不同东西放在同一个场合，两者相互衬托。强调与对比相似，特别用于方向性的表现（图 1-22）。

（5）律动、重复。在图形等平面构成上，以及排列物品等立体构成上具有冲击力，给人留下深刻的印象（图 1-23）。

图 1-22　服装陈列设计中的对比与强调　　　　图 1-23　服装陈列设计中的重复与律动

四、科学性原则

想要让商品顺利进入顾客视野，就要在店内的结构、商品的配置和排列上下功夫。因此，用顾客的眼光就能客观地检验店面商品陈列。对顾客来说，陈列设计的科学性即是"容易看到且容易找到"。因此，科学地进行服装陈列设计必须把握以下几点原则。

1. 协调周围环境、融入区域文化

服装陈列设计需要思考陈列的层次与设计定位，主要包括服装商品及陈列空间本身的"层次"，以及观者的"层次"，同时需要契合区域环境和地方文化特色等客观因素（图1-24）。

2. 突出表达重点、重视陈列布局

服装陈列设计需要设定简洁明确的主题，便于建立自身独特的形象气质。这就要求陈列设计具有清晰的框架、明确的结构，能够精准表述服装的独特性和优势性。使用能够突出主题的装饰元素、道具等对空间进行点缀，从而起到烘托氛围、引人关注、强化记忆的积极作用，但必须把握数量和体量上的适当（图1-25）。

图1-24 充分融合地方文化特色的服装及陈列

图1-25 "圣诞"主题服装陈列

3. 强调空间整体、做到统一协调

考虑到服装整体搭配的协调性，主要包括服装配件在整体效果中的搭配、色彩选择在整体效果中的搭配。同时，还要考虑整个大环境中的服装陈列与局部陈列效果之间的协调性（图1-26），这与一幅绘画作品中要求色调和风格统一是同样的道理。

4. 张扬品牌特性、突出商品特色

服装陈列展示具有广告宣传的作用，它是一种传递信息的有效方式，更是设计师审美理念的直接反映。因此，在进行服装陈列设计时要抓住展示主体的独特气质，充分发挥展示主体的优点。有特色才有吸

图1-26 整体风格统一、协调的服装陈列空间

引力，才有市场竞争力，才会获得人们的欣赏与青睐（图 1-27 ）。

5. 重视光源分布、强调视觉色彩

没有光就没有色，纷繁的色彩在不同光线作用下会呈现出不一样的视觉效果。光线好的白天，自然光下的服装色彩、质感，与室内灯光下服装呈现的效果会有明显差异。因此，恰当地布置光线可以提升服装质感，吸引消费者眼球，真正实现视觉营销的目的（图 1-28 ）。

图 1-27　张扬品牌特性、突出商品特色　　图 1-28　重视光源分布、强调视觉色彩的陈列设计
　　　　　的服装陈列空间

第二章
服装陈列设计的基本要素

在作为服装销售环节之一的服装陈列场景中，如何吸引消费者，使消费者进入陈列环境触摸、试穿服装，最终达成销售目的，是陈列设计需要把握的设计前提。为了使服装商品美观且更有效地吸引顾客，在服装门店或者橱窗等展示空间中，必须把商品生动地展现出来，使顾客产生想要购买的情绪。为此，要设计能够抓住顾客眼球、刺激视觉、加深印象的陈列空间（图2-1）。

图2-1　契合服装特性与消费者需求的服装陈列设计

第一节　服装陈列设计的构成

所谓构成，是由形、色、肌理（材质）、光、空间等诸多造型要素组合而成的一个统一的组织形态。而构图是考虑到作为对象要素的美感效果的图形配置。显示主题陈列空间构成，重要的是应用和发展基本构成，根据信息、环境、时代的变化进行创造性展示。

一、直线构成

直线具有十分简洁、直接、干练的强烈视觉表现力。规则排列的直线给人带来强烈的秩序感，有序的直线能够有效统筹整个展示区域，始终做到乱中有序。

水平方向的直线具有引导视线的作用，垂直的直线则具有分割空间、划定空间范围的作用。因此，在服装陈列设计中，采用垂直的线条，能够将消费者视线吸引到垂直陈列的服装商品上。这时候消费者只需站定不动，上下移动双眼，陈列的商品便能被一览无余。在垂直方向陈列服装，可以充分利用上层陈列空间，节省底层陈列空间。同时对同一类服装产品进行不同款式的展示，能够引导消费者通过视线的上下移动迅速判断商品款式、颜色等方面的区别。直线水平构成更方便消费者做对比性的选择和拿取。

1.水平构成

因为人们的视线总是习惯水平移动，所以水平构成具有吸引顾客视线的效果。在展架上对重点陈列的商品设计水平构成，是更容易看懂、更易于接受的。此外，呈水平线的结构分布还给人以稳定柔和的女性化印象（图2-2）。

2.垂直构成

垂直构成多呈纵向的线形分布，具有引导视线上下流动的效果，一般在有一定高度的空间进行上下扩展表现。另外，也适合在货架上重复展示的重点商品陈列、简单的男装和运动服装等主题陈列。并且垂直线通常给人男性化的印象（图2-3）。

图2-2　服装陈列的水平构成　　　　　　　　图2-3　服装陈列的垂直构成

3.斜线构成

卖场空间是由若干水平线和垂直线综合构成的。在这种空间中设置斜线能够打破视觉效果的沉闷，增加关注度。一般情况下，根据斜线角度的不同能够产生不同的视觉效果，通常从左上至右下的斜线更具吸引力（图2-4）。

4. 网格构成

网格构成是能令人感到向上下左右扩展的构成形式。横、纵线相交的交点位置，通常能够打造强烈的视觉焦点（图2-5）。

图2-4　服装陈列的斜线构成

图2-5　服装陈列的网格构成

二、曲线构成

从几何学角度，曲线可被划分为闭合曲线与开放曲线两种类型。曲线的形态象征着自由、活跃。曲线可以丰富设计效果层次，打破由单一直线营造的理性、刻板氛围。

在实际的陈列设计中，直线与曲线交替使用，能形成丰富的相互对比、相互促进的效果。优美、柔和的曲线在表现韵律、节奏、移动等方面效果显著。曲线还多用于橱窗陈列的氛围营造和大型展示空间的背景设计，令人遐想的设计意境离不开曲线在其中承担的构成作用（图2-6）。易于变化、形式多样的曲线，能够被使用在

图2-6　服装陈列的曲线构成

各种空间氛围当中，给陈列空间和空间参与者带来多重视觉享受。

三、三角形构成

三角形结构自古以来就被认为是最经典的结构形状之一。三角形能给人视觉上的稳定感，这

种稳定感在商品视觉营销环节经常被采用，在设计造型等方面能够维持整体效果的均衡与和谐。并且，三角形的导向性也是诱导视线的要素之一。三角形结构比较适用于大规模的展示空间、展台以及展示橱窗，是使用频率最高的构成结构之一。

三角形构成经常能在建筑设计和插花艺术中看到，是能够赋予造型上的稳定感的结构。三角形稳定且富于变化，在四方形空间中，是最能够平衡空间容量的形状。同时，三角形结构也能在视觉上起到振奋情绪的效果。

1.等腰三角形、正三角形

等腰三角形左右两边呈对称状态，因此稳定感更强。尤其是钝角等腰三角形更显沉稳，适合在高档商品的陈列设计中运用。等腰三角形的设计给人以均衡、稳定、可靠的视觉感受，同时也彰显了成熟稳重、富有内涵的品牌特质。

正三角形（等边三角形）是稳定保守的结构，适合于正式的、传统的和需要凸显档次感的商品展示，但不适合休闲的、新潮的商品展示。用于与时尚相关的商品展示时，要对布局（从下往上看的布局）进行改变，从前面看是正三角形，但是通过前后空间的差异，形成有重点的陈列即可（图2-7）。

2.不等边三角形

不等边三角形是一种适用于所有商品陈列，能够抓住观众视线的商品陈列结构。下部的扩展陈列，也有诱导视线的效果。另外，三角形顶点能够从远处捕获注意力（图2-8）。如果重复构成在展架上能够形成有冲击力的构成效果。不等边三角形构成形式与曲线相比，具有另一种流线感和动感之美。

图2-7 服装陈列的正三角形构成

图2-8 服装陈列的不等边三角形构成

3.直角三角形

直角三角形的组合能够形成稳定的三角形构成关系，并能够通过视线与动线的关联描绘出商品群轮廓形状。此外，直角三角形并非左右对称的，因此属于动态的三角形形状（图2-9）。

4.倒三角形

倒三角形比较适合富有创新性、挑战性、抽象性、艺术性的展示空间，一般不适合大规模用于室内展陈空间设计。倒三角形构成虽然在视觉上给人"头重脚轻"的不稳定感，但是传递的情绪效果和商品氛围都十分浓烈。因此，这种设计更能抓住消费者眼球，使其产生更加深刻的视觉印象和想象力（图2-10）。

图2-9　服装陈列的直角三角形构成

图2-10　服装陈列的倒三角形构成

5.三角形的排列与重复

由于三角形本身的单元形状特点，因此在组合排列时需要更大的设计空间。改变三角形的大小、数量、角度，可以充实设计整体的体量感。由于进行重复排列，因此需要符合一定的排列规则，尽量避免给人造成大面积凌乱的视觉印象。例如，如果要把握节奏感，将两个及其以上的三角形划为一组再设计重复效果，比单个重复效果更好，能够彰显出设计师高超的陈列设计技巧（图2-11）。

四、放射构成

放射构成是由一个原点向四周进行扩散的构成形式。放射构成使商品具有力量感和爆发力。再结合颜色、材质等要素的活用，能够形成造型新颖且有趣味性的陈列形象（图2-12）。放射结构是具有向心性、让人感到向外扩展的结构。与网格结构一样，具有集视效果。

图 2-11　服装陈列的三角形重复构成　　　　图 2-12　商品陈列的放射构成

五、圆形构成

　　圆形构成（包括半圆形构成）是一个被曲线或连续曲线包围的形状，曲线上各点到该形状中心的距离相等。圆形在展示陈列中具有很好的适应性和协调性，圆形构成形式可以是实心的圆盘状，也可以是空心的圆环状。圆形构成产生的视觉效果可以依托多种方式达成，如圆形或球形的展示道具、服饰商品、装饰画，或将商品排列成圆形或球形进行展示等（图 2-13）。

六、重复构成

　　在陈列设计中反复、多次出现的设计元素，便于增强人们的记忆，给人留下更加深刻的印象。人形模特模型的重复摆放，以及服饰在色彩或款式上的重复，都在视觉上给人一种强烈的控制欲。例如，将人体模特模型的类型、姿势、颜色一致的三组模特以相同方向等间隔陈列摆放，能够产生连续重复的节奏。另外，将商品以相同的类型但不同的颜色、纹样、素材、设计组合展开，演绎出了构成感（图 2-14）。

图 2-13　服装陈列的圆形构成　　　　　　图 2-14　服装陈列的重复构成

第二节　服装陈列设计的形式美法则

服装陈列设计不仅将研究重点放在研究人的生活方式上，还要研究服装的形式美。形式美通常表述的是客观事物外观形式的美，具体是指自然生活与艺术中各种形式要素及其按照美的规律构成组合所产生的美。设计构思所表达出来的形式和心理感应是现代设计的形式美基础，其必然涉及服装的造型与装饰艺术的一般原理和法则。归纳起来，服装陈列形式要达到美的境界需要注意以下三点：其一是形式服务于内容；其二是形式美的创造要与科学的观赏心理结合；其三是在陈列中追求简约化、整体化。

一、对称与均衡

1. 对称

对称是从中心开始向左右两侧呈对称均衡排列的模式（图2-15）。对称是表现稳定的最好形式，其特点是传统、庄严、整齐、朴素、理智，但是处理不当容易显得呆板、缺乏活力、有生硬感。

2. 均衡

均衡是指服装陈列空间的上下或左右虽不是绝对对称，但在分量上却保持平衡的一种相对对称状态，是物体同量不同形或同形不同量的构成（图2-16）。

图2-15　对称的服装陈列

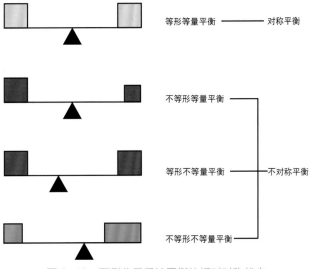

图2-16　两侧分量保持平衡的相对对称状态

均衡的画面关系除了在平面设计中需要把握之外，在空间设计领域也非常重要。以服装陈列空间设计为例，设计师能借用"留白"部分来掌握空间与表现对象之间的均衡关系，以及呈现出的氛围，观者的想象力也能在空间与表现对象之间自由奔驰。这就是具有互动性的陈列空间设计中一直强调的"与作品对话的可能性"（图 2-17）。

二、对比与调和

对比与调和是多样统一的具体化。对比是变化的一种方式，调和是形体相类似或趋于一致的表现。服装设计无论是款式、色彩、面料和装饰配件，都既要有对比，也要有相互之间的调和，以实现整体效果的和谐统一。

1. 对比

对比是两个性质相反的元素组合在一起，产生强烈的视觉反差，通过对比增强自身的特性。但如果过多运用则会使设计的内在关系过于冲突，缺乏统一性。

（1）形态对比。形态对比具体表现在动静、轻重、软硬、大小、面积的对比。包括外轮廓、面料和饰物等服装陈列设计元素之间、元素与整体的对比，是一种最简单的突出形象的方法（图 2-18）。

图 2-17 均衡的服装陈列 　　　　图 2-18 服装陈列中的形态对比

（2）集散对比。服装陈列中服装造型的集散关系主要由工艺装饰的分布、饰物的点缀效果等构成。运用集散对比，可以使设计元素集中的地方获得突出显示，从而产生视觉趣味点，强化视觉停顿（图 2-19）。

（3）色彩对比。利用色彩对比可以使服装陈列空间构图中的各个设计元素（面料、装饰、道具等）互为衬托，在视觉上产生丰富的韵律和节奏美感。色彩对比包括明暗对比、冷暖对比和色相对比，以及利用色彩的形态、面积、空间的处理形成对比关系（图 2-20）。

图 2-19　服装陈列的集散对比

图 2-20　服装陈列的色彩对比

（4）动静对比。服装的动静对比是由人形模特模型服装的穿着、工艺、图案、面料等因素产生的。只有动感，则杂乱无章；只有静感，则缺乏生气和活力（图 2-21）。

（5）质料对比。根据质料的厚薄、明暗、粗细、软硬、光泽、毛糙等风格特点，进行内外、上下、前后、左右等的穿插搭配组合（图 2-22）。

图 2-21　服装陈列的动静对比

图 2-22　服装陈列的质料对比

2. 调和

服装陈列造型的调和，一般通过类似形态的重复出现和装饰工艺手法的协调一致来实现。应用时应注意在对比中强调主体造型的塑造、色调的主宾关系，以及点、线、面、体的相互协调。在调和中，当类似性过强时，要通过恰如其分的对比来增加变化，做到在对比中求调和，在调和中求对比。一个陈列设计作品中，对比与调和务必有所侧重，即以对比为主或以调和为主，才能获得美感（图2-23）。

三、尺度与比例

1. 尺度

尺度是局部与整体或局部与局部之间的尺寸关系，即各种因素相互之间的协调性。在服装陈列设计中，多用于具体的三维空间中的立体造型设计（图2-24）。

图 2-23　调和的服装陈列

图 2-24　三维空间中的立体造型

2. 比例

服装陈列设计中的比例关系主要体现在：其一，服装造型与人体模特模型的比例；其二，服装配件与人体模特模型的比例；其三，服装陈列色彩的配置比例。比例在服装陈列中的运用主要体现在：其一，黄金比例和黄金矩形是世界公认的美的比例；其二，黄金比例在服装陈列中的运用。

四、重复与渐变

1. 重复模式

重复模式是按照从左到右的顺序进行规则化（从小到大、从短到长）排列，并循环反复进行的模式。不仅是形状的重复，颜色的重复也包括在内。在服装的具体陈列情况中应随机应变，可以按颜色的不同纵向排列，也可以按款式的不同横向排列（图2-25）。

2. 渐变模式

渐变模式是一种从左到右、从小到大或者从短到长的变化模式。按照一定规则排列的物品会让人感到舒适。此外，不仅是款式的渐变，颜色的渐变也能很好地发挥视觉效果（图2-26）。

图2-25 服装陈列中的重复模式　　　　图2-26 服装陈列中的颜色渐变

重复模式和渐变模式都可以用于卖场靠墙的侧面展示区。陈列内容的排列顺序基本上是"从左到右"，但左右两侧的陈列有时也可以"从前到后"。所以在掌握基本陈列方式的基础上应采用更加合适的、因地制宜的方案。

五、节奏与韵律

1. 节奏

节奏主要体现在点、线、面的构成形式上，能够引导人们通过视线不断移动而产生动感。服装陈列设计的节奏，主要体现在点、线、面的规则和不规则的疏密、聚散、反复的综合运用上。一个完整的服装陈列空间必须要有虚有实、有松有紧、有疏有密、有细节有整体，凡此种种才能形成节奏（图2-27）。

2. 韵律

韵律亦作声韵和节律，原意指诗词中的平仄格式和押韵规则，后引申为音响的节奏规律，也指某些物体运动的均匀的节律。图2-28为一种有韵律的服装陈列。

在服装陈列设计中，韵律的构成形式及其效应有以下几种。

（1）有规律重复。指同一形态要素在一定范围内等距离地重复排列，又叫连续重复。

（2）无规律重复。指同一形态要素在重复时有大小、疏密、聚散变化的重复排列，又叫自由重复。特点是运动感强，灵活而有变化。

（3）等级性重复。在服装陈列上，一般多运用于上、下装的处理。

图 2-27　有节奏的服装陈列

图 2-28　有韵律的服装陈列

第三节　服装陈列中的人形模特模型设计

服装展示是服装陈列设计的首要目的之一，服装的静态展示通常由人形模特模型辅助完成。但是，陈列设计的目的并不只是为了陈列或展示这一行为本身，而是运用空间规划、立体设置、光源选择、色彩配置等手段综合设计，营造一个富有艺术感染力和个性化的表现环境。通过这一环境，有计划、有目的地将设计创作的内容展现给他人，力求使观者接受设计师想要传递的信息。

为人形模特模型进行组合搭配，在陈列设计中是一项相当需要技巧的工作。决定将哪些人形模特模型组合在一起、搭配什么道具、如何摆放等，首先取决于人形模特模型的姿态和气质。

一、人形模特模型的选择原则

人形模特模型和人台等陈设工具、陈设道具，在赋予卖场突出风格特性的同时，也赋予商品以生动表现力，令服装商品能够充分发挥自身的风格效果。并且，在陈列空间中布置的家具及装饰道具，同样是展现商品魅力的得力工具。卖场的主角始终是商品，家具和装饰发挥辅助作用，能够营造空间气氛，令观者不需要语言说明就能一眼识别陈列商品的特征。

1. 人形模特模型

橱窗和店内重点陈列的布置标准，首先是能够凸显服装的现实穿着感与合理搭配。将帽子、包袋、围巾等元素组合在一起来综合设计服装，让顾客更容易理解服饰的穿着效果、穿戴方法及使用场景。近年来，抽象、模糊、无五官、无妆发的人形模特模型越来越普遍。人形模特模型的表面材质一般为树脂或聚氨酯布等，但是考虑到环保问题，可降解的新材料正在全面开发中（图2-29）。

图2-29　各种材质、颜色的人形模特模型

2. 人台

人台通常是指没有胳膊、头以及双腿的模特模型，有树脂的，也有能插入大头针的发泡材料的，可根据具体实际用途来进行选择（图2-30）。但是，最好不要在同一个空间内同时使用人体模特模型和人台，这样的搭配很难表现统一的形象。

图2-30　人台

二、人形模特模型的着装原则

在为人形模特模型着装之前，必须明确安装程序和着装效果，并且预设好正确的安装程序，尽可能延长人形模特模型的使用寿命。反之，多次重复拆装模型，穿脱服装，不仅浪费时间，影响服装的展示与销售，对人形模特模型也会造成不同程度的磨损，增加服装变形、破损的概率，更加大了服装陈列设计师的工作量。因此，在为人形模特模型穿着服装时，不能心血来潮般搭配

服装并直接穿着，必须要按照视觉营销（VMD）陈列企划案中的明确要求，在所有需要使用的服装、配饰以及道具等都选取完成后，再按顺序依次穿搭。

1. 准备工作

首先，将人形模特模型的假发、手、臂、腿、脚等逐一拆卸，分别静置在平整、安全的地方。避免影响其他人员或顾客行走，更要避免造成人员受伤，徒增安全隐患。

2. 人形模特模型着装的基本原则

由于服装陈列设计师经常近距离接触服装和模型，为了更好地把握整体陈列效果，需要在着装完成后远距离观察整体陈列设计的效果，检查整体效果和局部细节。

人形模特模型的腰围尺寸，女性模型在 58~61cm 之间，男性模型在 70~76cm 之间，通常普遍要比成衣腰围尺寸小。因此，为模型着裙装或裤装时要注意选取尺码合适的服装。尽管目前在服装行业中使用的人形模特模型或人台的样式、种类十分丰富，但是并不是所有的人形模特模型或人台都能满足所有服装陈列场合的需要。那么这种情况下，服装陈列设计师可以发挥想象，结合服装风格特点，自己设计或制作能够替代的模型或道具（图 2-31）。

图 2-31　根据所展示服装特点设计或定制的模型或道具

3. 穿着下装需注意的点

为人形模特模型进行着装的顺序一般为先穿下装再穿上装。穿着裤装时，一般先将模型的腿从躯干上拆卸下来，再套上裤装。如果下装为裙装，要先将模型的手臂卸下，将裙装从上方套入，向下拉至合适位置穿好即可。如果同时搭配长袜或短袜，应先穿好袜子再穿鞋，再将双腿与躯干连接固定。

4. 穿着上装需注意的点

先将人形模特模型的手、臂依次拆卸下来，可以根据服装具体情况选择拆卸的数量和顺序。

模型手臂的组装应从上衣袖窿伸进去，再与躯干连接固定。上装穿上后再调整手臂的姿势，整套服装穿好后再佩戴配饰、假发。

5. 整身及半身人形模特模型陈列规则

大部分服装卖场或服装展陈场合，为了营造更加整体、合理的视觉效果，通常会同时设置多个人形模特模型进行展示，或将其设计成以小组为单位进行组合展示。多个人形模特模型组合展示时，服装搭配上一定要统一风格，如颜色、款式、搭配方式上相互呼应，充分营造强烈的视觉效果（图2-32）。

图 2-32 遵循一定规则的人形模特模型组合陈列

三、人形模特模型的摆放原则

1. 一至两个人形模特模型为一组的摆放原则

（1）单个人形模特模型。单个人形模特可以站在橱窗的一侧或橱窗中间，利用模特的姿势或者是面部朝向，体现模特在这个画面中的动感（图2-33）。

（2）两个人形模特模型。模特可以并排于橱窗一侧或居中排列，利用模特的姿势或者脸部朝向来决定两者的位置关系，丰富纵深感和层次感（图2-34）。

图 2-33 一个人形模特模型

图 2-34 两个人形模特模型

2. 三个人形模特模型为一组的摆放原则

可以采用前一后二或者前二后一的排列，形成空间感。如果是三者并列，可以采用模特姿势的变化来制造互动感，也可以沿斜线并排，这种适用于服饰的组合和色彩过渡（图2-35）。

3. 四个及四个以上人形模特模型为一组的摆放原则

四个人形模特适合比较大的橱窗，它的方法跟三个人形模特其实是差不多的。前一后三或者前三后一，如果是并排陈列，那就利用姿势或者服饰色彩的渐变来形成层次感。橱窗中的模特视线最好是与顾客的视线有交点（图2-36）。

图2-35 三个人形模特模型

图2-36 四个人形模特模型

4. 店内人形模特模型的摆放原则

（1）阵列式。用多个姿势相同的模特，以单一的线状结构进行摆位，给顾客带来更大的视觉冲击力（图2-37）。

（2）场景式。有一定的叙事性和主题性，通过模特和道具来营造一个场景。店内的模特如果是作为空间中的重点展示，便要遵循就近原则，即模特身上的衣服要能在附近很快就能找到，方便顾客拿取试穿（图2-38）。

图2-37 人形模特模型的阵列式摆放

图 2-38　人形模特模型的场景式摆放

第四节　服装陈列道具与演示道具

一旦明确了陈列主题和陈列方案，接下来就要构思陈列所需的各种道具。陈列道具是陈列展示商品所借助的某些物体。陈列道具与展示商品之间在形式、材质等方面可以有共通点，也可以没什么特殊的关联，主要是由展示服装商品的具体情况而定。

当然，陈列道具最首要的作用还是衬托商品，大部分情况下切忌"喧宾夺主"。陈列道具与展示的商品最佳的视觉比重一般为：陈列道具占三分之二，商品占三分之一。陈列道具必须达到一定的视觉比重，才能有效表达陈列主题、营造陈列氛围，营造有艺术感或设计感的效果，以引人注目（图 2-39）。这种"规则"并不是一成不变的，也要具体情况具体分析。

服装商品与陈列道具之间彼此关联、相互作用，但利用不好二者之间的关系，也容易引起消费者的误解。陈列设计师要尤其注意，避免将个人喜好强加到并不相关的陈列场景中。一些小型店铺由于缺乏专业陈列设计的指导，往往最容易产生此类失误，将许多与商品不相关联的装饰物在陈列环境中大量堆砌，令消费者眼花缭乱，抓不住视觉重点。

此外，很多陈列设计师起初会花费很多的时间和精力用于陈列道具的设计和准备，期望通过陈列道具最大限度地呈现令人印象深刻的陈列空间（图 2-40）。但是这种做法必须考虑设计预算和陈列空间的条件，需要具体问题具体分析。

图 2-39　陈列道具与服装商品的最佳视觉比为 2：1

图 2-40　精心准备的陈列道具

一、陈列道具的选择

　　服装陈列中出现的各种形态都来源于生活中的场景，这也是现代陈列设计的共性和趋势。由于消费者要追求更高品质的生活，所以除了要求商品本身质量更高之外，还应借助服装商品演示的视觉效果来实现对商品的认同。借助商品演示可以丰富人们对商品的认识、了解，以及为人们生活所带来的情趣与享受。如在海边度假风格服装的展示陈列中，可以直接借用现实环境作为陈列道具，不仅突出服装的功能和效果，也能引发人们对夏日休闲生活的美好向往（图2-41）。

图2-41　采用海边现实环境作为陈列道具的服装陈列

二、陈列道具的种类

1. 陈列道具的功能分类及使用方法

商品陈列在卖场中所占比重最大。当然，对顾客来说，"便于观看""通俗易懂""方便寻找""方便选择"十分必要。另外，对销售方来说，容易补充货品、便于管理是首要的。陈列用具的形态、尺寸、材料，以及能否移动、高度能否调节、架子和隔板等部件的更换速度、安全功能等都是需要重点考虑的。

（1）倾斜衣架。它是用来悬挂商品的。对外挂式的商品陈列，倾斜衣架能够使顾客清楚地看到服装颜色的变化和领口等的设计。此类衣架的高度可伸缩（图2-42）。

（2）独立可滑动衣架。用于陈列各种上装或下装，使颜色和尺寸的变化更明显。但是，注意不要挂太多商品。考虑到卖场动线设计，一般把这种衣架放置在顾客容易拿取的位置（图2-43）。

（3）圆形吊架。此类吊架可以吊挂大量服装商品，但是挂满后整体体积增加，占用大量空间，所以需要注意预设周围通道的宽度（图2-44）。

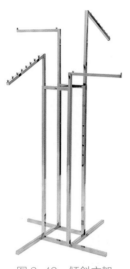

图2-42　倾斜衣架

图2-43　独立可滑动衣架

图2-44　圆形吊架

（4）叠放货架。叠放货架适用于针织毛衣、衬衫、牛仔裤、休闲裤等。陈列手提包、鞋子、腰带、袜子等服饰杂货也可使用（图2-45）。

（5）玻璃柜。玻璃柜适用于展示高档品，如首饰、珠宝、手表等。因为是封闭型的陈列，所以基本上是应用在面对面销售的场所。由于没有透气性，所以需要注意不要因为闷热和干燥而损坏商品（图2-46）。

（6）系统墙。这是视觉营销（VMD）实施中不可或缺的陈列用具。它可以随意改变外置形态，形成合适的陈列设计（图2-47）。

图2-45　叠放货架

图2-46　玻璃柜

图2-47　系统墙

在选取销售用的陈列道具时，最好选取能够根据商品的生命周期等因素自由改变陈列设计的陈列道具。此外，还需要选取与商品相匹配的宽度、进深、高度以及为了生动地陈列商品而对应特定商品的用具。特别是服饰杂货、饰品等体积较小、较零碎商品的陈列。如果没有现成的、合适的用具，那么就需要进行定制。

卖场内陈列道具的规划功能特征比较见表2-1。

表2-1　陈列道具的规划功能比较

种类	特性	功能特征
人形模特及肢体模型类	优点	正面出样、有立体感，顾客很容易看清商品的形象、廓形、风格，知道是否适合自己
	缺点	无法拿到镜子前展开看，展示商品数量有限，商品无法被频繁更换
	功能	适合传达商品信息、活动主题、款式形象、时尚情报等
可移动桌式组合用具类	优点	容易更新、更换商品，顾客能够看到款式轮廓，并且能直接用手触摸
	缺点	平面展示缺乏立体感，无法拿到镜子前比照，放置的数量太多会影响整个卖场的整体形象
	功能	适合传达商品信息、主题活动、款式形象、时尚情报
固定壁柜高背架用具类	优点	有少量正挂，可满足正挂、侧挂和隔板折叠等诸多商品陈列形式，集主题陈列、重点商品陈列和单品陈列空间于一体
	缺点	固定区域内无法移动，不能经常营造卖场新的布局设计感受
	功能	商品可以被拿取观看、触摸，在镜子前比照，可按组合形式和商品要求展开陈列
隔板及多层式用具类	优点	商品可以被拿取观看、触摸，在镜子前比照
	缺点	顾客难以直接知道设计廓形以及是否合身，且堆叠数量多的话拿取不便，拿出来后又不容易原样放回去
	功能	适合陈列有色彩变化和纹路图形的商品
挂架、侧挂用具类	优点	侧挂商品可以被拿取观看、触摸，可在镜子前比照
	缺点	不能直接观看到设计款式，若不按面料、设计的品类、长度、色彩和图案分类区别陈列，会降低商品价值感
	功能	适合一定群量的陈列，适合按照系列感陈列，可按色彩、图案有序地变化摆放

2. 陈列道具之间的组合

（1）分类与布置。商品要被摆放在墙面的架子、水平杆、倾斜杆上以反映销售意图（图2-48）。通常按从左到右的顺序进行颜色布置，从上到下按尺寸的大、中、小顺序排列。色彩、尺寸等的布置要按既定的规则进行。

（2）整齐与和谐。在服装产品的展示陈列中，垂挂的陈列方式大致可分为"正面相对"（face out）和"肩膀向外"（shoulder out）两种（图2-49、图2-50）。"折叠"（folded）的陈列方式是指将服装商品折叠放置，排列在货架上（图2-51）。相较而言，"正面相对"比"肩膀向外"和"折叠"的陈列方式更能使服装商品在整体上一目了然。

图 2-48 陈列道具的布置与搭配

图 2-49 "正面相对"放置

图 2-50 "肩膀向外"放置

图 2-51 "折叠"放置

　　无论什么样的服装商品，为了避免混乱，都要避免将不同类型、式样、风格的服装商品混合摆放或混合悬挂。为了避免商品被无序混合，可利用网格进行设计排列。为了吸引顾客的关注，将同色、同类色、同样袖长的服装进行归类展示是最基本的。此外，也可以与另一组服装商品进行比较展示，使商品更具视觉冲击效果，加深顾客的印象。

三、展示道具的分类

　　展示道具是展示活动的重要组成部分，也是展品陈列的物质基础。一方面它具有安置、维护、承托、吊挂陈列产品的形式功能；另一方面它是构成展示空间形象、创造独特视觉形式的最直接的界面实体。展示道具的形态、色彩、肌理、材质、工艺以及结构方式，往往是决定整个展示风格的重要因素。

1. 展柜与展架

（1）展柜。展柜是保护和突出重要展品的道具，其特点是具有封闭性和保护性，同时不影响展品的视觉观赏性。展柜的分类见图2-52。

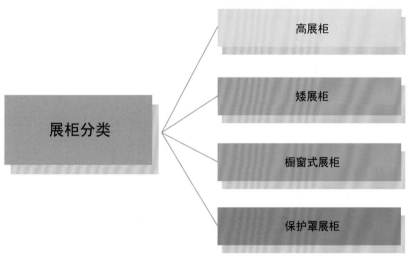

图 2-52　展柜分类

（2）展架。展架是服装展示陈列中使用最多的形式之一，分为固定式和拆装组合式（图2-53）。固定式是根据不同类型的展示空间而设计的独特展架，适用于长久、固定的展示空间；拆装组合式适用于展期较短的专题展、临时展。

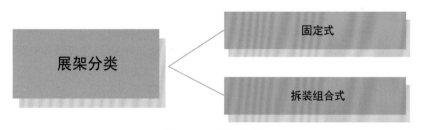

图 2-53　展架分类

2. 展台与展板

（1）展台。展台类道具是承受和衬托实物展品、模型、沙盘和其他装饰物的道具，它使展品与地面隔离，通过保护、衬托展品起到丰富展示空间层次，引人注目的效果。展台具体分为静态展台和动态展台（图2-54）。台座式一般为单体式，造型比较单纯，形式大小变化灵活。积木式类似垒积木那样搭接堆码，形成高低、大小不同的几何形体。套箱式是按照一定模数、体形关系制作的系列箱体，其特点是内部是空的，若干个展台可以套叠在一起，便于储存、运输，节省空间。

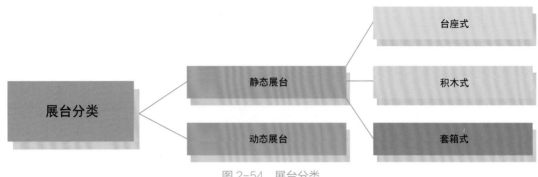

图 2-54 展台分类

（2）展板。展板的主要作用是展示版面图文信息和利用垂直展板分隔展示空间，分为标准化展板和特殊展板（图 2-55）。

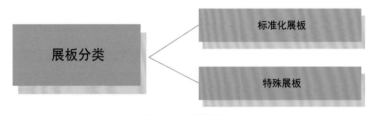

图 2-55 展板分类

3.其他辅助设施

服装陈列设计中通用的设施有：围护的栏杆（具有指示、引导观众走向，并有效保护展品的展具设施）；沙盘、模型；用于展品陈列时体现展品特质，如小型陈列架；专用的模特；屏障；花槽；展品标牌；方向指示牌；照明灯具；视听设备；装饰器物等。

四、POP 展示

1.POP 在服装陈列设计中的作用

POP（Point of Purchase）在服装陈列设计中主要承担以下四个方面的作用。

（1）能够说明我在哪。目的是引发人们的注意，吸引人流。

（2）能够表达我是谁。目的是强化人们对服装品牌的认知，传递清晰的企业或产品品牌形象。

（3）能够说明我有什么。目的是呈现产品主张及特性，诱发购买冲动。

（4）能够解释为什么买。目的是有效传递商情信息，膨胀购买冲动。

2.POP 的要素

（1）悬挂系列。主要有吊牌、挂旗、条幅等展示形式。

（2）墙面系列。主要有 X 型展架、海报、背板、标识等展示形式。

（3）桌面系列。主要有柜楣、桌卡、样张、插卡、价签等。

3.POP 的布置原则

（1）店面布置三原则

① 原则一：可见性，方便顾客直接获得最新的信息。

② 原则二：印象性，多层次多方位拦截，吸引顾客眼球、加深印象。

③ 原则三：区分性，不造成信息混淆，从而使顾客更容易做出购买决定。

（2）悬挂布置三原则

① 原则一：悬挂布置整齐，紧贴天花板。

② 原则二：悬挂位置醒目，面向主入口、主通道，遮挡空间应小于门头和主形象墙的高度，约占其面积的三分之一。

③ 原则三：悬挂高度合理，一般在 2~2.5m 之间。

（3）墙面布置四原则

① 原则一：重点内容的墙面制作物布置在主入口处。

② 原则二：商品后墙面的内容与商品型号相对应。

③ 原则三：视觉高度合理，一般在 1.2~1.6m 之间。

④ 原则四：边缘保持水平整齐，四角粘贴牢固，防止鼓泡、卷边。

（4）桌面布置三原则

① 原则一：布置物品相互之间不遮挡。

② 原则二：布置物品与商品一一对应，按规范布置。

③ 原则三：桌面整洁，无杂物、无污垢。

第三章
服装陈列的空间设计与规划

　　服装陈列是以服装为主，在固定场所和空间进行的综合立体展示，以传达服装信息。广义上的服装陈列空间涵盖店铺、展示厅、展览会、博览会等空间领域。从狭义上说，主要指以服装零售业为主，以促进服装商品销售为目的的商业空间。

　　重视服装陈列空间的设计与规划，必须有效把握市场动向、消费者需求、生活方式，迅速捕捉时代信息，创造更丰富、更舒适的空间。此外，需要注意的是，由于各个国家的文化、传统的不同，服装陈列空间的表现形式也会有所差异。因此，灵活、准确、有目的的采取对应方法是很重要的。

第一节　服装陈列的空间设计原则

　　服装卖场的主角是服装商品，是摆放在卖场、对消费者来说有需求的商品。其商品特性（设计、颜色、素材、图案、尺寸、价格等）要易于辨认，商品要易于触摸、便于选择、便于购买。因此，要对服装商品进行分类、整理、陈列、配置。

一、整洁规范原则

　　空间设计中，视觉表现的基础是分类。只要服装商品以及在卖场中的分类恰当，就能传达出商品的基本信息。但是，为了加深印象，实现更有针对性的沟通，首先必须遵循空间陈列整洁规范的原则。

1. 整洁规范的卖场设计方案

　　卖场分割是有原则的，可以综合使用纵向分割法和横向分割法将其分成六份（图3-1）。其中纵向上分割出了A、B、C和D、E、F两个大组。这些分区可以用作男装和女装、正装与休闲装，或者配饰与单品的分区。通过向顾客传递视觉层面的信息，划分出一条类型分割线。接下来是横切法，中间占整个卖场面积50%的B区、E区是

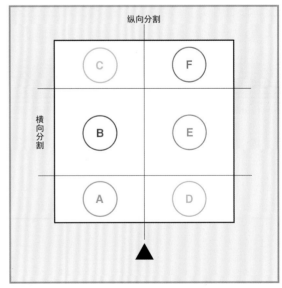

图3-1　服装卖场分割方法简图

最方便灵活移动的位置，将过去畅销的商品和新商品组合起来，重新归纳整理，增添变化。

并不是说一定要在 A 区和 D 区时常更新商品，C 区和 F 区的位置也因为背靠背景墙面，从远处就能获得有效的视觉效果。此外，也可考虑混合模式。比如在将卖场空间划分为正装与休闲装的情况下，将正装划分到 F 区，将休闲装划分到 A 区，能够获得理想的效果。

2. 整洁规范原则下的卖场规划案例

接下来我们对照卖场图纸来分析这些原则。也许会因为区域分配不对称而产生一些不协调，但是，假设将左边定为休闲装区域，右边定为正装区域，在这种情况下，D 区几乎承担了所有主题陈列（VP）的功能。所以可以假设 D 区既不是休闲装区域也不是正装区域，而是陈列正在开发中的新产品，这样能够最大程度地发挥向纵深处引导的作用。A 区的使用方法有很多种，可以将重点商品陈列（PP）设定为与主题陈列（VP）不同的内容进行展示、陈列。对已经展开的商品陈列进行再归纳的模式，可与主题陈列联动，使其更加丰满（图 3-2）。

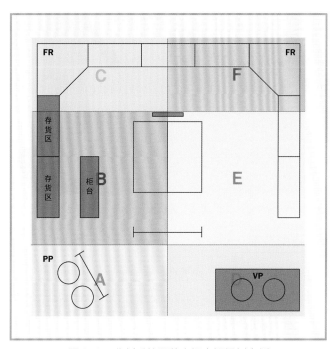

图 3-2　分割后的服装卖场空间规划案例

二、易观看易拿取原则

1. 易于观察的范围（视野）

获得容易看、容易选、容易理解的卖场空间设计效果主要依靠视觉。视觉在人的"五感"中具有最佳的传递信息的效果。视觉包括视角和视域，通过视觉可以看到物体的全貌并且能够直接对物体进行识别。

一般来说，在双眼静视野状态下人的视野范围（全视野）一般为100°左右，双眼动视野状态下能够达到115°左右，在垂直方向上向上为50°、向下为75°。直接视野是从40°~60°的圆锥体范围内，更舒适的范围是在30°之间，最能看得清楚的范围在25°圆锥体范围内（图3-3）。人的视觉空间中，视线流动的一般规律是：从左到右、从上到下、从左上到右下、从后方到前方、从上方到下方。

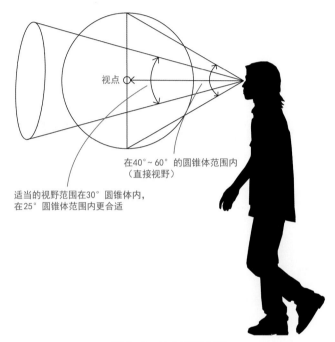

图 3-3　黄金视野范围

2. 易于观察和触摸的范围

对于顾客来说，商品最容易被看到、最方便顾客拿取的高度范围被称为"黄金空间"。黄金空间一般距离地面85~125cm，是陈列主力商品、增加销量的最有效的陈列空间。70~85cm、125~140cm分别是便于观察和取用的高度范围，可作为有效空间使用。60~70cm是稍微弯下腰就能拿取的范围，140~170cm（180cm是极限）是伸手能拿取的准有效空间。60cm以下的范围是必须弯腰才能取到的。180cm以上的高度是很多人不方便接触的范围，不过，这个水平高度的商品从远处更容易被识别，可以作为重点商品样品的特写展示空间（图3-4）。

3. 陈列物前低后高的原则

前低后高原则也被称作前进梯状原则，它包括前进陈列与梯状陈列。一般情况下，卖场内放在前面的陈列物一般高度较低，靠后的位置会配置较高的陈列物。

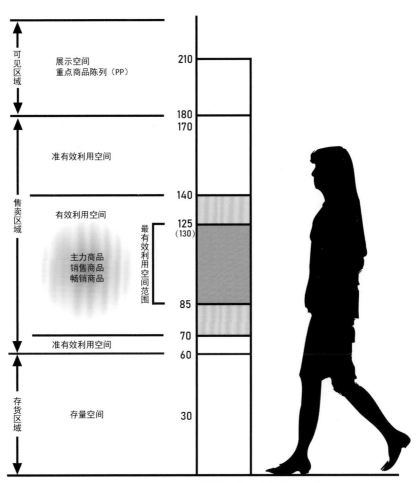

图 3-4 易观察、易触摸的范围（单位：cm）

（1）易观看。遵循前低后高的陈列原则，不仅便于观看，更使整体陈列具有立体感和丰盈感，也不会给顾客造成视觉上的压迫感。

（2）易拿取。前低后高的陈列方法使顾客拿取商品时能够最有效地直接拿到自己想要的商品，同时最大限度地避免其他商品掉落、移位。除此之外，可以适当采取倾斜、突出、凹陷、悬挂等多种陈列方式，适当打破商品陈列的连续性，反而能给顾客带来自然感、舒适感。

4.控制陈列物数量的原则

首先，思考"卖场的循环方式"概念。在这一概念下，商品被称作"物品"，而卖场则可以被看作是盛放物品的"容器"。物品会随着时间不断更替，但是卖场的大小和体积容量是固定不变的。也就是说，空间中不能盛放得太多、太满，但也不能放太少。陈列出来的商品的量为"FKU"（Face Keeping Unit），应事先算出 FKU，然后根据 FKU 的量来安排商品。

FKU 包括挂在衣架上的商品和叠放在架子上的商品，其数量关系如下：

挂在衣架上的东西（数量）＝衣架长度 ÷ 商品间隔

堆叠在架子上的东西（数量）＝货架宽度 ÷（折叠宽度＋商品间隔）× 货架数量 × 堆积件数

三、陈列品的安全原则

陈列品涉及的安全要素主要包含人身安全、场地安全以及商品安全。人身安全包括进行陈列设计的相关工作人员的人身安全，服装陈列以及道具展示时要考虑观者和顾客的人身安全，以及销售人员、管理人员的人身安全。与陈列品相关的安全要素还包括动线安全、陈列空间设施的安装与使用安全，以及装潢布置安全等。

对服装商品来说，陈列的安全性需要重点把握陈列品的稳定性，保证商品不易掉落，必要时应适当利用一些辅助陈列的工具、容器等。同时需要定期进行有效的卫生管理、安全检查、消防检查，营造舒适安全的陈列空间。

四、陈列的搭配原则

1. 衣架陈列

衣架陈列可以方便顾客实际拿取、挑选商品，衣架陈列按照商品的尺寸、颜色、款式等进行分类，给人一种方便挑选的感觉，同时还能体现出商品数量的丰富。将服装的衣架沿同一方向悬挂，衣架的朝向是便于人们拿取的方向（以多数人右手拿取商品的习惯为主）（图3-5）。

图3-5　便于右手拿取的衣架朝向

2. 货架陈列（商品的摆放方式）

服装商品的叠放量要达到货架空间高度的三分之二，上部预留三分之一的空间，这样便于商品的拿取和复位（图3-6）。从小尺寸到大尺寸，自上到下分类叠放（图3-7）。服装商品摆放的朝向也很有讲究。为了能够看到衣服领口的设计，放置在最上层的衣服领口向外，下面叠放的衣服领口向内。服装按颜色从亮到暗，从上到下分类叠放。货架划分为纵向陈列和横向陈列，根据设计、颜色、尺寸、价格等进行分类。在货架最上方进行服装样式、色彩的展示设计（图3-8）。

3. 墙面陈列

墙面陈列分正面陈列、侧面陈列，顾客即使不用手触摸服装商品，也可以通过观看服装商品展示面，看到相同风格的款式设计、颜色搭配。通过重点商品陈列（PP），促进其他关联商品的销售。重点商品陈列、色彩控制、色彩搭配是令陈列效果更加突出的要素（图3-9）。

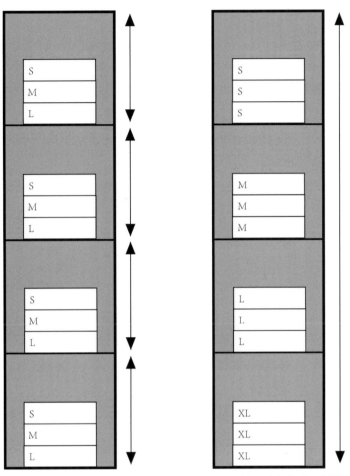

图3-6　服装商品的叠放　　　　　图3-7　按尺寸自上到下分类叠放

图3-8　商品的摆放方式

图3-9　墙面陈列

第二节　服装陈列的空间分类

服装陈列空间涉及的类型十分广泛，根据不同的目的、功能等能有各种各样的空间分类（图3-10）。商业服装陈列空间一般包括向消费者直接销售服装商品的服装店、服装专卖店、服装卖场、购物中心等以零售为主的销售空间。此类以促进销售为目的的陈列空间为视觉营销空间（其中涉及SD、MD、MP、VP、PP、IP等）。陈列空间的类型、所在地、状态、目的，主要通过店铺的橱窗、灯光照明、装饰道具、展陈工具、背景墙、天花板、立柱等进行具体表现。服装陈列的空间类型可分为以下四大类。

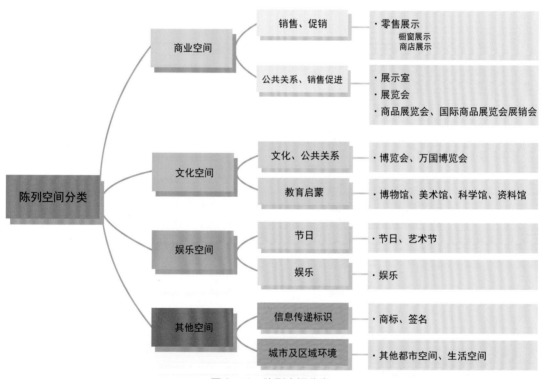

图3-10　陈列空间分类

一、商业空间

服装陈列的商业空间是以服装商品宣传、服装品牌宣传、服装销售促进为目的，以展示厅、展销会、展览会、国际商品展览会等形式进行表现（图3-11）。

二、文化空间

文化类陈列空间是以宣传文化、产业、经济、服务、信息等为目的的大规模展示活动，如服

装设计展、服装设计博览会。除此之外，还包括一些以文化、教育启蒙为目的的主题博物馆、主
题美术馆、专业科学馆、专业资料馆等（图3-12）。

图 3-11　商业空间

图 3-12　在美术馆中进行的不同年代时装陈列展示

三、娱乐空间

娱乐空间能够令人们的生活变得更加舒适、充满活力、富于魅力。打造人们乐于聚集的空间
场所，需要满足人们的愿望、欲望，同时需要符合陈列主题（图3-13）。

四、其他空间

除了商业空间、文化空间、娱乐空间之外，还有作为信息传递之用的户外广告、街道、广场
等其他空间，其中也包括城市公共空间和生活空间（图3-14）。

图 3-13　娱乐空间　　　　　　　　　　　图 3-14　其他空间

第三节　服装陈列的空间规划

陈列空间的规划方法，一般可以采用多种类型分类陈列、少量象征性陈列、组合陈列、功能性陈列等。无论采用哪种陈列空间规划方法，必须建立在符合陈列设计人体工程学，遵循陈列设计的平面规划以及立面规划的基础上。

一、陈列设计与人体工程学

服装陈列工作中有个词叫作"前景"。正如字面意思那样，前景是指在陈列空间内没有阻碍顾客视线的路障，顾客能够清晰地看到整个空间。与之相关的还有"视界""视野"等词。视界是指在一定位置上的视野，是没有任何遮挡，能够看到前方视线范围。

1. 整理视野网格

顾客的视野受店铺的结构、摆设以及商品等的影响。有时，迷宫般的陈列空间会让人觉得很有趣，但通常我们都是基于让陈列空间以及各式各样的服装商品更容易被人看到的前提来考虑"前景"。为此，我们对各个摆设的尺寸也做了规定，并制定了摆设与商品陈列高度相适应的高度规则。

2. 直接的表达

实际情况是，我们常会使用与服装相关的图形图标来标识服装卖场。这种方法的好处是，即便语言不通的人也能通过图示交流。"绘文字"的大量使用，使服装商品的展示变得更加通俗、简单易懂（图 3-15）。

图 3-15　服装店 icon "绘文字"

3. 以省时省力为目的

在重视时间效率的国家，人们常常希望能够尽可能地缩短购物时间，普遍倾向快速前往目标卖场，快速地完成挑选、购买。因此，这些服装卖场采用了能将卖场清晰展示且有短程动线的设计。服装商品被有序地分类，商品排列和商品配置方便顾客拿取。这里就像报纸的标题一样，对各类卖场的商品进行直观的展示，商品像新闻标题下的正文报道那样，被整齐地排列着（图 3-16）。

4. 最好伸手就能拿到

进入商店的顾客，通常一只手会提着行李或背着包，因此在这种状态下，从肩膀位置向下直至手的末端，即顾客能够伸出手上下移动并触摸到商品的区间范围就是商品应该放置的最佳位置，这也是单品陈列的基础要求。手从肩膀的位置向前延伸，直到轻松接触到商品，期间的距离和范围被称作"黄金线"和"黄金范围"（图 3-17）。这个范围十分清晰、一目了然，被认为是十分便于理解且容易接受的范围。所谓"便于观看的陈列"，是指在顾客容易观看的高度进行陈列。

另外，所谓"方便的陈列"，是指将触手可及的位置、令人想触摸的位置作为重点的陈列。

人类有与身高和生理习惯相适应的"容易观看的高度"，通过了解其高度，就能将商品陈列在最有效的位置上。单品陈列空间主要是将普通商品和经典商品陈列在顾客眼前，并方便顾客选择。利用家具、货架、衣架等，按照品牌、款式、尺寸、价格、颜色等制定规则，按照规则对商品进行分类陈列（图3-18）。

图 3-16　服装种类分类标识

图 3-17　伸手便能拿到服装商品的陈列方式　　　　图 3-18　易观看、易拿取的店面
陈列规划

二、陈列设计的平面规划

楼层平面规划是宣传店铺个性、商品种类特征、信息、服务等卖场整体形象特征的手段。楼层平面规划的基础是对商品种类及其分组、卖场分区、在卖场哪个位置布局配置等进行设计规划，最终实现卖场区域的合理划分。

图3-19所示的平面设计方法被称为"网格系统"，是确定展示区域和摆设位置的基本图示，网格系统有助于维持卖场的一惯性，确定重点商品陈列、单品陈列等的位置，还可以应用于对商品进行分组。网格系统分为直模式和斜模式。至于使用哪种模式，可以根据客流量、店铺位置、面积大小以及其他条件进行单独使用或组合使用。

卖场中有令顾客易看、易选、易买、易行走的通道，以及适合通道宽度的导线规划非常重要。楼层的平面规划有网格型、斜线型、圆型等。大型卖场的主通道宽度为210~350cm，专门店为90~120cm，其他卖场通道的宽度最少为90cm。另外，由于人的移动惯性通常为从左向右移动，所以常以此作为导线设计的参考。

主题陈列（VP）、重点商品陈列（PP）以及单品陈列（IP）的联动也以从左到右的导线为基本原则，同时引导顾客进入展示重点商品的店铺深处。用自然的导线、色彩控制和照明效果烘托，来规划富有活力的陈列空间（图3-20）。

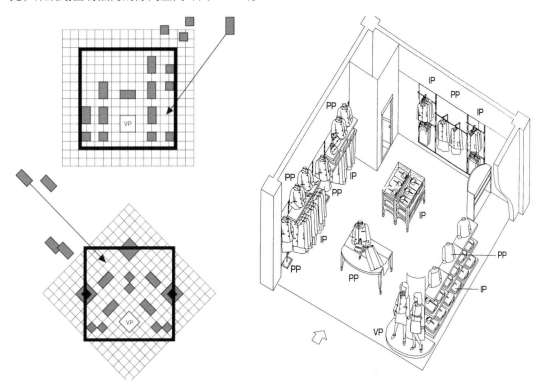

图3-19　卖场结构的平面设计方法
　　　　注：VP—主题陈列

图3-20　卖场结构的平面设计效果

三、陈列设计的立面规划

1.是否保留卖场的立体功能

在视觉营销中，以成年人的平均身高为标准，从主通道或店门口观察卖场时，从前到后的商品种类必须一目了然。因此，用品器具的配置原则是必须考虑到设备的高度。百货商场等大型商场中的陈列物高度规定在130～140cm之间。但现实情况是，卖场里有的地方高得够不着，而有的地方不弯腰就摸不到。

因此，卖场规划是与在平面上进行区域规划和布局规划完全不同的立体空间规划，认识到这一点在实践视觉营销时极为重要。所谓商品策略，就是排除不合理之处，充分发挥卖场的功能，采用更有效的展示方式和陈列方式（图3-21）。

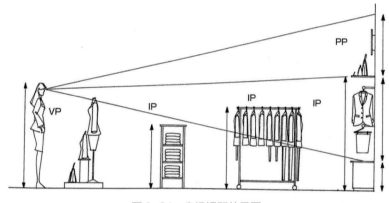

图3-21　卖场视野效果图

2.卖场结构的立面设计方法

为了能够看到整个卖场，要对视线高度、摆设高度、商品位置、通道宽度等进行规划。摆设的高度要从入口往里逐渐增高，在摆设的选择和摆放时，应以尽量避免遮挡视线为原则（图3-22）。

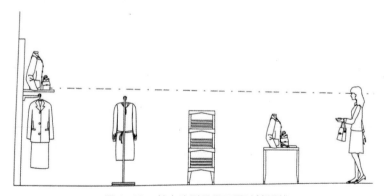

图3-22　前方陈列尽量不要遮挡视线

（1）货架划分。货架的划分要根据货架数量和隔层的数量进行设计，再结合服装商品的颜色、型号、尺寸等。同时，还要考虑利用横杆、架子、延伸置物架等，设计吊、放、挂的方法（图3-23）。

（2）面数。服装商品在水平方向上的陈列数量称为"面数"，根据商品摆放的位置、方法和数量，自然形成商品陈列对策。例如，有人气的服装商品、重点推销的服装商品等必然放在显眼的位置。重复陈列同一款服装能够强化视觉效果，也使空间更具视觉震撼力（图3-24）。

图 3-23　货架划分　　　　　　　图 3-24　服装商品在水平方向的陈列

（3）颜色和尺寸的布置。首先整理划分出商品群，使其变得易于观看，有秩序的排列商品更便于比较和选取。根据颜色、样式、尺寸、材质、价格的区分，令商品变得让人一目了然。整理后的结果会给人十分整洁的印象，也会产生清洁感。该技术是对分析、分类后的商品群进行再整合的技术（图3-25）。渐变效果的陈列，要求顾客的视线能够上下垂直移动或左右水平移动。这当中要运用视觉设计的基本法则，渐变的节奏和变化的幅度都值得反复斟酌。

3.立体构成

（1）三角构成。利用字母道具堆砌而成的金字塔结构，可以营造丰富的层次感（图3-26）。

（2）交叉构成。利用综合材料制作装饰花朵造型，并辅以悬于半空的动态人体模特模型，相互穿插结合，产生交叉构成效果（图3-27）。

（3）对称构成。这种陈列形式的特征是具有很强的稳定性，给人一种规律、秩序、安定、完整、和谐的美感，因此在卖场陈列中被大量应用。此外，在采用对称法的陈列面上，还可以进行一些小的变化，以增加形式美感（图3-28）。

图 3-25 服装商品的色彩布置

图 3-26 三角构成的陈列方式

图 3-27 交叉构成的陈列方式

图 3-28 对称构成的陈列方式

第四节 服装陈列的规划方法

在商品陈列中,服装和杂货的陈列大致可以分为"挂"和"堆"两种方式;鞋子、包、手表、眼镜、珠宝首饰等商品,有"放置"和"排列"等陈列方法。例如,针织衫和牛仔裤的陈列方式从"堆"变成了"挂"(图 3-29)。改变陈列方式可以使卖场的功能更加完善,布局结构也会随之改变。根据商品特性应使用恰当的陈列方法,为了达到更好的效果,摆设是不可或缺的陈列设备。在研究陈列方法的同时,研究陈列设备也很重要。

一、服装陈列的技术基础

本部分以服装(男装、女装、童装等)的展示陈列为中心进行技术基础说明,通常的陈列技术基础技巧有折叠、放置、站立、绷起、穿戴和悬挂。在追求独创性和创意性的今天，提高能灵活应对不同展品的设计能力是很重要的。以下对服装陈列的叠、放、拉、立、挂等基础技巧依次进行解释。

图3-29 从"堆"变成"挂"的牛仔裤陈列方式

1. 折叠放置

折叠法是通过折叠、叠放的方式，将商品叠放在卖场的架子上或台面上，使顾客易于辨认、触摸、挑选。以上衣的折叠方法为例，上衣的折叠虽然要求使用衬垫辅助，但是在掌握尺寸且经验丰富的情况下，也可以不需要衬垫。

（1）衬衫。衬衫的折叠方法如下：

① 衬衫的背面衣领朝上展开，衣服的中心与垫子的中心对齐（左右肩宽一致）；

② 将一边的袖子折向衬垫；

③ 再把袖子翻折上去；

④ 另一侧也同样折叠，如果折痕位置因重叠而变厚，就需要移动调整；

⑤ 折下摆，下摆露出肩线时折进去；

⑥ 翻到正面，小心地抽出衬垫；

⑦ 整理并完成。

（2）长袖T恤。长袖T恤的折叠方法如下：

① 把衣服背面平摊展开，把两边向中心折叠并置于衬垫上，先将衣服身体部分折叠，再把袖子折起来；

② 折起另一侧的衣身部分，将袖子横向折叠。露出袖口的时候，把袖子稍微露出来折叠（折叠时，改变袖子的左右叠放方向，这样就不会高度不均）；

③ 折起下摆；

④ 返回正面，抽出衬垫。

（3）毛衣开衫。毛衣开衫的折叠方法如下：

① 衣服背面朝上，将袖子折叠与身体等宽，将衬垫放在中心；

② 将左右袖子对折；

③ 折起下摆，翻到正面并抽出衬垫。

（4）POLO衫。POLO衫的折叠方法如下：

① 把衬垫放在上衣背面上方中心位置，衣服左右对折；

② 将想要在正面露出一定分量的袖子反向折回，下摆向上翻折；

③ 将露出的衣袖折回正面，抽出衬垫。

（5）高领毛衣。高领毛衣的折叠方法如下：

① 将衬垫置于上衣背面的中间，将一侧衣身和袖子叠好；

② 将另一边也按同样的方法叠好，整理袖子的折痕；

③ 下摆向上翻折，翻回正面，把领子折到前面，整理好整体。

（6）平铺方法。上衣的平铺方法如下：

① 将袖子于上衣背面对折，与身等宽；

② 下摆向上翻折，不要超过肩线；返回正面整理。

2. 堆叠、整合

将符合商店理念和商品形象且已经折叠好的服装商品，按大小依次摆放在货架上。因为商品容易混乱，也容易散开，所以要按标准折叠衣服（图3-30）。

3. 平铺

平铺是以平面形式展示商品，可以在卖场的桌子上平摊放置服装，也可以活用设计造型。做工扎实的粗花呢开衫套装、衬衫和饰品放在桌子上，以表现穿着性的形式进行展示。配上鞋子、包包，形成一种统一搭配的方案（图3-31）。

图3-30　堆叠、整合陈列

4. 利用技术实现特殊的陈列效果

（1）半景效果。即在实物后面制造一个假的远景，造成一种空间上的层次感，配上合理的灯光与音响，产生一种有震撼力的舞台效果（图3-32）。

图3-31　平铺陈列

图3-32　半景效果陈列

（2）魔镜效果。利用玻璃的性质，凹面镜在强光的照射下把实象悬在空中，呈现真实的形象和反射出的形象，即一个形象在另一个形象上漂浮，产生魔幻的效果（图3-33）。

图3-33 魔镜效果陈列

（3）镜面反射效果。巧妙地摆放镜子可以使本不宽敞的空间变大，镜子与展品的组合能够产生奇妙的效果，但必须注意镜子里物体的形象是反的，而且有时会有些变形（图3-34）。

（4）全息图效果及偏振光效果。利用全息技术可以整体地表达一个物体的形状，带给观众全面、完整而有深度的感受。偏振光投影仪可通过玻璃片、滤光片等在墙上形成彩色镶嵌图案；偏振光影片可使图形在平面曲线上移动，适合动态曲线的展示（图3-35）。

图3-34 镜面反射效果陈列

图3-35 全息图效果陈列

二、根据不同情境制定服装陈列方案

服装陈列设计的方案不止一个，要根据实际的销售情况和市场的动向及时变动。从各个角度观察、分析服装陈列空间，通过从各个角度进行验证，可以提升陈列设计的精准性与效率。

服装陈列设计的具体陈列方式主要包括服装卖场的各种静态陈列（图3-36），例如柜台陈列、吊挂陈列、叠装陈列、人台陈列、橱窗陈列等。服装贸易展销会中的各种静态陈列，如服装图片形式的展示，海报、杂志、看板上的服装效果图片、服装招贴画等。

图3-36 综合静态陈列

服装陈列绝不是单纯的罗列、堆放，而是要以传递信息、实现预期目标为前提。为了令服装陈列效果达到预期目标，陈列设计必须满足以下几项基本要求，即图3-37的"5个W + 2个H"。

When 何时	季节性主题
Where 何处	卖场空间规划
Who 何人	目标消费者
What 何事	事件主题
Why 何因	商品企划和营销企划
How 方法	陈列的手段方法
How many 多少	销售的措施与数量

图3-37 "5个W + 2个H"

此外，按照服装商品的主题划分陈列方式，是建立在活用各种具体陈列方式基础上的，目的是为了更好地迎合不同的消费场景。

服装商品的特性、属性根据商品对应的目标人群有所不同。即便是相同的顾客，对商品特性、属性的关注也会随着百货商场、超市等业态的不同而变化。顾客往往会根据想要采购的服装类别而对一些要素的关心有所侧重（图3-38），因此，反映商品企划的商品陈列形式的设计不能单一化。

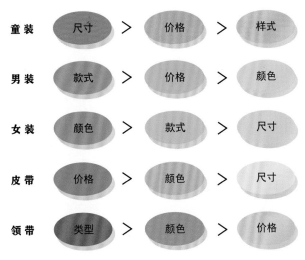

图3-38　对不同服装类别要素的关心度

1. 时尚主题服装商品陈列计划

卖场一般属于主题性较强的场所，是不允许随意东拼西凑的。然而现实情况是，即使顺应当季的流行趋势，也不可能有绝对完美的销售额，这与流行趋势的强弱有关。上一年或上一季开始的时尚主题，即使是有畅销前景的商品，也无法完全支撑销售额。当沿袭上一年或上一季的陈列模式已经无法体现当下的"时尚"时，就需要"新旧"交替，但是两者必须保持平衡，这种平衡是卖场持续发展所需要的。

另外，与季节相关的活动和与顾客生活密切相关的商品也要备齐，在推出最新一季时尚商品的同时，还要验证是否有周密的配合来满足这些需求。

2. 季节性服装商品陈列计划

按照季节的顺序进行销售，制定的计划被称为"卖场发展计划"。在制定卖场发展计划时，不仅要考虑季节的趋势，还要考虑每个时期的特性以及该时期支撑前一年销售额的因素。在分析销售额时，最好以周为单位进行比较。有时某周销售额会陡然上升，所以要确认这周的天气如何，或者有什么大型节日或者活动。

季节周期是商品生命周期与季节变换相结合的。如图3-39所示，秋冬氛围分"初秋""秋""冬天""早春"等阶段，根据各自的具体情况进行组合。接下来需要考虑的是市场，也是影响顾客是否购买的重要因素。

宣传计划要从主力市场和主题商品两方面来制定。从促进销售的意义上来说，可以分为市场影响强烈的时期和主题商品影响强烈的时期。例如像"秋季新风尚"这样的选题，几乎都是主题商品的宣传。相反，在有大型活动时，如何将主题商品与需求结合起来是关键。

图3-39 "初秋""秋""冬天""早春"氛围陈列搭配

主题商品受趋势的影响较强，基础商品受趋势的影响较弱，需合理安排两者间的平衡。在主题商品和基础商品之间，有一种"主力商品轮换"。为了无论何时何地都能有主力项目，要一边考虑各项目的力度，一边更换主力商品的位置。

主力商品包括主题商品和基础商品。这是为了避免因为是主力商品，而只销售基础商品。在顾客"想要毛衣"的时候，不管是主题商品的毛衣，还是基础商品的毛衣，该卖的时候就会卖。这与毛衣这一物品所具有的功能有关。像这样在卖场发展计划中，要按照不同时期的发展图，明确所有商品的特征。

三、为服装争取更有效的陈列空间

1. 挑选最佳单品、推广最佳单品

最畅销的服装商品和促销的服装商品等，都要放在顾客容易看到的地方，以最大限度地形成有效陈列空间，促进销售。在被称为黄金空间的地板以上60~130cm范围内的商品十分显眼且触手可及。大多数情况下，都是根据图3-40所示的经验法则来决定商品在货架陈列的位置。

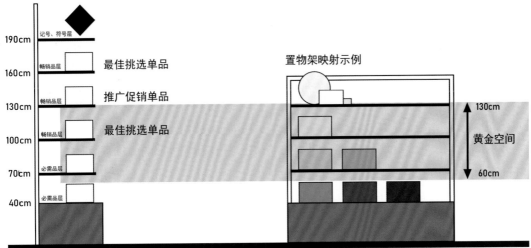

墙面置物架映射示例

190cm	记号、符号层
160cm	畅销品层	最佳挑选单品
130cm	畅销品层	推广促销单品
100cm	畅销品层	最佳挑选单品
70cm	必需品层
40cm	必需品层

置物架映射示例

130cm
黄金空间
60cm

图3-40 墙面陈列高度示例

2. 不同项目的陈列技法

（1）服装的陈列技巧。服装根据不同的设计和材料，用吊架或堆架陈列，分为正面悬挂、侧面悬挂以及折叠（叠放）。

① 正面悬挂。是展示商品正面（前身）部分的悬挂方法，也是展示服装搭配和设计细节的最佳陈列方法。重点图案和刺绣、有无口袋、整体的款式、肩宽、袖带颜色、尺寸等，顾客想知道的信息都能被清楚体现。虽然其表现力强，但是被展示的商品的数量是有限的。因为需要占据的空间大，所以多在商品数量较少的情况下采用（图3-41）。

② 侧面悬挂。在服装商品陈列展示中，有一种侧面陈列方法，将夹克等挂在衣架上或者货架上，展示商品的侧面。这种展示方法的优点是肩膀与袖子连在一起陈列，在尺寸上更能够相互

比较，且能够收纳相当数量的商品（图3-42）。但因为无法看全设计的整体与细节，所以对顾客的吸引力较弱。但是这种方式具有能够陈列较多商品的优点，还可以与正面悬挂的方式相结合进行综合设计。

图 3-41　正面悬挂

图 3-42　侧面悬挂

③ 折叠（叠放）。这是一种将商品堆放在货架上进行囤货陈列的方式，采用时需注意维持均匀的量感。这种方式虽然能够让顾客知道商品的颜色，但是无法看见商品的款式。除了叠放在架子上之外，还有叠放在桌子上的方法（图3-43）。这种聚集性陈列适合单品陈列的需求，对活跃卖场氛围很有效果。

（2）服饰杂货的陈列方法。包包、鞋子、丝巾、首饰等被称为服饰杂货。由于商品本身具有无规则形态的特点，因此，如何选择最大限度地展示商品特性的陈列方法是非常重要的。

包和鞋属性不同，但在"放置"和"排列"这两点上的陈列手法是一致的。每种款式各有其尺寸，因此，陈列在货架上的原则一般为大尺寸的向纵深处放置，尺寸小的、高度低的则放置在前端。从后到前呈现瀑布般的陈列效果。这时从侧面看，所有的商品应呈现相互独立的效果。放置得越靠后的商品，对顾客来说新鲜度、魅力值也随之下降。架子上陈列品的区分方法根据每家门店的想法不同而有变化，但功能和尺寸必须优先重视。

鞋子要按照鞋跟的高度、类型、尺寸分区摆放。在上层展示鞋跟的形状和高度，因为陈列鞋子时优先需要考虑的要素是尺寸，所以分区陈列更容易被理解（图3-44）。

另外，在岛柜的最前端，从陈列的群组中挑选主力商品进行重点展示，顾客便能清楚卖场的意图，潜移默化地影响了选择商品时的标准。在这种情况下，如果与其他服饰商品搭配设计，吸引力会更强（图3-45）。

图 3-43　折叠（叠放）

图 3-44　服饰杂货的陈列 1

图 3-45　服饰杂货的陈列 2

第四章
服装陈列设计的橱窗展示

橱窗是"无声的推销员"，是服装陈列设计和视觉营销的重要组成部分。橱窗展示相比其他展示手段具有更加直观的特点与优势，优秀的橱窗设计能够起到获客、吸引店外的行人走进店内、增加消费概率的重要作用。此外，橱窗还承担着传播品牌形象和文化的重要责任，虽然橱窗的展示空间有限，但一个有创意的橱窗设计对于品牌宣传、刺激消费往往起到四两拨千斤的效果。

第一节　橱窗陈列概述

橱窗陈列是指为满足品牌的某些需求（如新品展示、品牌文化宣传、促销宣传等）而进行的陈列设计。同一品牌会根据不同主打产品、营销策略有针对性地对橱窗陈列进行精心策划，从而达到让人眼前一亮的视觉效果。

一、橱窗陈列的目的

橱窗是顾客接触店铺的第一视觉窗口。优秀的橱窗设计能够起到吸引消费者关注，让其驻足停留在店铺门前的作用，并以欢迎的姿态邀请消费者进入店内，刺激其消费欲望，进而提高门店销售业绩。因此，橱窗也被称为"无声的推销员"。总的说来，橱窗对于品牌和店铺来说具有以下作用。

1. 吸引顾客眼球，促进销售

吸引顾客走进店铺，促进销售是橱窗陈列的最主要目的。视觉营销人员通过一些主题的营造、商品的展示、道具的使用等手法吸引顾客，增加进店率，从而增加购买概率，提高销售业绩。

2. 塑造品牌形象，提升品牌文化与价值

所谓品牌文化是指通过赋予品牌深刻而丰富的文化内涵，建立起鲜明的品牌形象和定位，并利用各种传播途径和手段，使消费者对其品牌在精神上高度认同，最终形成一定的品牌忠诚度。优秀的橱窗陈列设计应能体现品牌的文化与价值，并通过一定的艺术性、审美性，塑造品牌在顾客心中的良好形象。

3. 传达商家的销售信息

有时，商家会利用橱窗传达一些销售信息，例如促销、品牌活动等。

二、橱窗的分类

1. 根据开放类型分类

（1）全封闭式橱窗。全封闭式橱窗前面有一块大玻璃窗（面向街上的行人），还有坚固的后墙、两个侧壁和一扇门。这些橱窗像一个封闭的房间，它们通常是最具视觉冲击力，也是较少受周边环境干扰、最易发挥创意的橱窗类型。从设计的角度来看，因为顾客只能从一个角度（正面）看到模特，所以在模特穿着搭配方面只需考虑正面效果（图4-1）。

（2）内开敞式橱窗。这类橱窗没有背板，但可能保留侧壁，由于行人可以从商店外部直接看到店内情况，因而更受到商家的偏爱。这些橱窗的模特穿搭要求也更高，因为模特几乎是360°无死角地呈现给观众。其优点是顾客可以触摸商品，感受商品质感，更容易引起顾客的购买兴趣（图4-2）。

图4-1 全封闭式橱窗

图4-2 内敞开式橱窗

（3）全开敞式橱窗。此类橱窗常见于大型展销会，它们没有实际的橱窗结构，用格栅将顾客和门面隔开，是一种临时的展品陈列方式。由于没有门或挡板隔断，这种橱窗显得更为开放，顾客与商品可以零距离接触。

2. 根据橱窗所处位置不同分类

（1）店外橱窗。店外橱窗包含两种，一是户外橱窗，二是走廊橱窗。户外橱窗是指在建筑外立面设立的橱窗，直接面向街上的行人。走廊橱窗又称廊道橱窗，顾名思义，它处于一个半开放的廊道或过道的一边，行人需要走进过道才能看到橱窗的全貌（图4-3）。

（2）门店橱窗。门店橱窗又可分为店面橱窗和转角橱窗。店面橱窗是店铺展示商品的首选位置，位于商铺的主体外墙，能够有效抓住行人的眼球。转角橱窗位于建筑的转角位置，通常利用建筑的结构特点，将相邻橱窗打通，形成一体的格局（图4-4）。

图 4-3　店外橱窗　　　　　　　　　　　　　图 4-4　门店橱窗

（3）店内橱窗。店内橱窗一般有样品橱窗和立柱式橱窗两种形式。此类橱窗一般适用于展示较为小巧精致的商品，例如首饰、手表、化妆品等。

三、橱窗陈列与品牌定位

在进行橱窗陈列设计之前，首先要明确服装品牌的层次与定位，唯有这样才能准确抓住品牌的目标客户的消费心理，有针对性地进行设计。一般说来，服装品牌可以归为以下三类。

1. 高端服装品牌

高端服装品牌是指一线的服装品牌。此类服装门店一般位于国际大都市的繁华商业区或一些旅游消费的黄金地段。对于高端服装品牌来说，橱窗陈列的目的更多的是为了维护品牌形象、传递品牌文化。相比之下，促进销售的目的倒显得退而求其次了。因此，为了与品牌格调保持一致，此类服装品牌的橱窗陈列设计通常与著名的艺术家、设计师或设计工作室合作，由于不用担心经费预算和道具制作的问题，设计师可以尽情发挥创意，因而此类橱窗通常具有很高的艺术欣赏价值。

2. 中高端服装品牌

中高端服装品牌在城市中属于中等消费水平，目标消费人群相较于高端服装品牌更为广泛，是大众消费的中坚力量。此类品牌橱窗的特点是追求品牌形象的同时，亦要提升销售量。橱窗陈列既要展示当季产品，又要打造一定的品牌形象，设计风格更加亲民，多采用生活化场景。

3. 中低端或平民服装品牌

中低端或平民服装品牌一般位于综合性购物中心，主要目标消费人群为收入处于中低水平的年轻人。因而此类服装品牌具有年轻化、流行化的特点，橱窗也多采用一些低成本的处理方法，橱窗的主要设计目标是增加进店率，刺激消费。

四、橱窗陈列的主题性

橱窗展示通常具有一定的主题性，会结合其他元素或道具，这些元素或道具要么与商品有共同之处，要么可能完全无关，但仍保持道具和产品之间的艺术平衡。有时商家会采用不直接展示商品的橱窗设计，希望通过橱窗传达出一种品牌文化和形象。有时可能是一件艺术作品或是一个戏剧性场景，也有可能是一个具有互动性的装置。当然，单独使用商品来设计橱窗展示并不少见。视觉营销人员需要结合特定的项目与实际情况，考虑选择何种橱窗陈列形式，才能更好地传达出品牌文化与产品内涵。

例如，位于美国纽约麦迪逊大街的Barneys New York商场的橱窗设计（图4-5），运用童话般的色彩和奇思妙想，展现了非洲草原的情景——五彩斑斓的斑马，戴着粉色墨镜、造型时尚的犀牛，银光闪闪的长颈鹿，展现出一种活泼、欢快的氛围，传达了一种爱与和平的品牌文化。

苹果（Apple）与爱马仕（Hermes）合作款手表的橱窗展示设计如图4-6所示。观众的注意力首先被造型夸张和极具艺术表现力的野生动物的脸所吸引，然而走进细看，便会发现设计师的巧思——手表被挂在了动物的眼睛上，利用手表屏幕上呈现的画面来创造眼睛瞳孔的效果。

图4-5　Barneys New York橱窗展示

图4-6　苹果（Apple）与爱马仕（Hermes）合作款手表的橱窗展示

主题性对于橱窗设计来说是经常被谈论的概念，指的是用于支持产品的创意元素。橱窗通过主题，将整体外观统一到一起。一个主题应该经过精心策划和深思熟虑。主题可以是季节性的、文化性的，也可以是某一生活场景的再现，或是公众关心的社会议题。

主题性对于橱窗陈列来说极为重要。主题通过色彩、道具和相关商品的共同作用，使橱窗展示栩栩如生。举例来说，泳装主题可能包括沙滩、棕榈树以及可以使人联想到大海的蓝色（图4-7）。

有时，为了使整个店铺在视觉上整体统一，橱窗的主题元素也经常被应用于商店内部的商品展示。主题性的视觉元素重复出现，如果使用得当，这样的展示方式能够起到增强信息传递的效果。对于主题的选择，我们通常采用以下几种创意思路。

图 4-7　Del Carmen 品牌服装橱窗展示

1. 季节与节庆性主题

服装品牌和商家常常利用换季或节庆到来之际，更换橱窗陈列主题，已达到新品推广和更新视觉体验的效果，新鲜感常会引来新一波顾客。例如，利用春夏秋冬的场景和元素作为橱窗陈列的主题。而每逢春节、国庆等重大节日到来前，橱窗陈列也会随之更新。

以中国的传统节日春节为例，由于华人遍及世界各地，每到中国新年，西方国家的橱窗也会更改主题以配合中国新年的气氛，而最常用到的元素就是代表喜庆的中国红、灯笼、龙以及生肖形象（图 4-8）。

圣诞节、情人节、复活节、万圣节也是西方国家橱窗陈列经常利用的主题。以圣诞节为例，冬季的雪景、雪花、圣诞树、礼物等是常被使用的设计元素（图 4-9）。

图 4-8　2018 年路易威登为庆祝中国农历新年狗年而设计的橱窗

图 4-9　迪奥巴黎精品店圣诞橱窗

服装品牌与商家常利用春夏秋冬四季更迭之际，推出换季新品，抓住消费者喜爱在季节更替时采购的消费心理。

春季主题的橱窗常采用象征新生命萌发的草绿色、嫩绿色，粉色、淡黄色等颜色，一些代表鲜花的颜色也是橱窗陈列的偏爱。一般在色彩搭配上采用高明度、中纯度的色调。设计元素通常采用自然中的植物，如草木、鲜花、形象可爱的小动物等，表现大地回春、生机盎然的景象（图 4-10）。

夏季主题常见的元素是阳光、沙滩，自然植物也常常是橱窗陈列的选择，因为夏季给人燥热的感觉，所以在橱窗陈列的色彩搭配上反而会选择一些清凉的颜色，如绿色、蓝色等（图4-11）。

图4-10　古驰东京春季橱窗陈列　　　　图4-11　ANTHROPOLOGIE 夏季主题橱窗

秋季天气转凉，橱窗陈列的元素多为红枫叶、迁徙的候鸟、树枝等，色调偏暖，如橘红色、棕色等。外套、风衣、夹克衫是当季陈列的商品，常搭配一些帽子、围巾、手套等配饰，给人以温暖、舒适的感觉（图4-12）。

冬季是下雪的季节，也是圣诞的季节。雪林在冬季或圣诞节橱窗展示中的使用率很高，而设计师的创意却各不相同。在图4-13中，设计师利用剪纸，营造了一幅冬日白雪覆盖的森林景象，象征节日的麋鹿和身着红色长裤的模特站在画面中，显得格外抢眼。图4-14中设计师利用马赛克创作了一幅生动的雪景剪影来描绘白雪皑皑的山林，场景中展示了一套西装与高筒靴，信息传递简洁明了。春夏秋冬的四季色谱如图4-15所示。

图4-12　FREE PEOPLE　　　　　　图4-13　ANTHROPOLOGIE 冬日主题橱窗 1
　　　　　秋季主题橱窗

图 4-14　ANTHROPOLOGIE 冬日主题橱窗 2

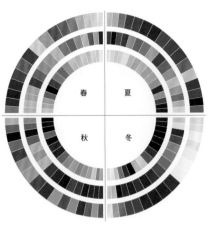

图 4-15　春夏秋冬四季色谱

2. 品牌故事主题

　　有一些服装品牌承载了一些经典的品牌符号和文化，例如，蒂芙尼（Tiffany）与赫本、香奈儿（Chanel）与山茶花、迪奥（Dior）与格蕾丝、爱马仕与马术等。以法国时尚品牌香奈儿为例，除了经典的"双 C"标识常被用作展示设计的视觉符号外，其经典的黑白配色与创始人可可·香奈儿（Coco Chanel）女士最爱的山茶花也是其经典故事的元素（图 4-16）。

　　蒂芙尼在好莱坞电影《了不起的盖茨比》上映之后，品牌与该部电影的制片人巴兹·鲁赫曼（Baz Luhrmann）和女演员凯瑟琳·马丁（Catherine Martin）合作设计的橱窗陈列，利用电影场景再现，展示了在电影中出现过的蒂芙尼珠宝首饰，如"Savoy 钻石"、淡水珍珠头饰。橱窗再现了电影华丽绚烂而又纸醉金迷的二十世纪五六十年代美国的名利场（图 4-17）。

图 4-16　香奈儿品牌主题橱窗

图 4-17　《了不起的盖茨比》中的蒂芙尼主题橱窗

3.促销活动主题

醒目、有趣而富有创意的促销橱窗能够起到吸引眼球、增加进店率的作用。通常使用简单而醒目的"SALE""促销"或"打折"等大字是最为有效的信息传达方式，然而富有创意的设计师又怎能满足于一种表达方式，于是创意促销橱窗也成了各大商家、品牌竞相展现创意的战场（图4-18）。

图 4-18　促销主题橱窗

第二节　橱窗陈列设计与规划

一个设计巧妙的橱窗陈列可以在短短几秒内吸引行人的注意。橱窗的直观展示效果，使它比电视媒体和平面媒体有更强的说服力和真实感。其无声的导购语言、含蓄的导购方式，也是店铺中其他营销手段无法替代的。

一、橱窗陈列设计的形式美法则

橱窗承担着传播品牌文化的作用，更多强调了一种艺术感觉和美学观念，一个成功的橱窗陈列设计可以反映一个品牌的形式美风格、个性和对审美文化的理解。

1.对称与均衡

对称与均衡是展示空间中一种基础的布局，因为无论何种陈列设计和布局，最终都是要达到一种视觉平衡，而对称与均衡是达到视觉平衡最有效的手段（图4-19）。对称与均衡是最具稳定性的形式之一，视觉感知告诉我们，稳定的视觉形态能使人放松，降低焦虑，从而达到心理上的舒适，这也可以解释为什么我们的审美总是更倾向于对称的物体。然而在真实的设计实践中，有时为了追求一种动感，会有意识地打破均衡。

2.节奏与韵律

节奏指的是一些形态或元素有条理地重复、交替或排列，使人的视觉随着形态或元素的运动路径产生一种轻重缓急的节拍感。与节奏相比，韵律强调一种流畅性，指的是形态或元素之间有一种连续进行的流动性。在橱窗陈列设计中，注意视觉元素、色彩、空间层次的排布，有意识地增加其节奏感，利用元素形态之间衔接排列的流畅性，产生一种韵律美，这种视觉愉悦感能够影响消费者的心理，最终达到视觉营销的目的（图4-20）。

图 4-19　均衡式橱窗构图

图 4-20　有节奏与韵律的橱窗展示

3.比例与尺度

比例指的是长度、面积、体积等之间的比例，各个部分之间、局部与整体之间的关系。协调掌握好各部分之间以及局部与整体的关系也是橱窗设计具有审美价值的关键。在比例和尺度的关系中，我们常用的手法是夸张与对比，因为这种手法较易产生一种意想不到的视觉效果，给人以新奇的视觉刺激，从而达到吸引眼球的目的（图4-21）。

图 4-21　比例与尺度在橱窗中的运用

如果比例和尺度掌握不当，画面关系不但会缺少主次，还会使画面效果凌乱，缺乏统一，使顾客一眼望去，难以抓住重点，这也是橱窗陈列设计的大忌。

◁ 4.重复与渐变

重复指的是同一种元素反复出现，通过有规律的排列，从而达到一种增强视觉冲击力的效果。在橱窗陈列设计中，背景板视觉元素的设计、道具的设计、商品的摆放形式、模特的站位都可以通过使用重复的表现手法，而给消费者留下深刻的印象。如果在重复中，再寻求一种规律性的变化，比如体量上的由少至多或由多至少，色彩上由浅变深或由深变浅等，就构成了渐变。渐变使单调的重复具有了一种层次美，视觉效果更生动。总的说来，重复与渐变能够使橱窗陈列达到一种统一而明确的节奏感（图4-22）。

图4-22　重复与渐变在橱窗中的运用

二、橱窗陈列设计的布局

橱窗的大小与规格并没有一个统一的标准，哪种橱窗合适完全根据店面的实际情况而定。一般说来，我国街面上的服装终端门店多以单门面和双门面为主，一层商铺的高度一般为3.8～4.5m，一般街边普通店铺多采用中小型橱窗，宽度为1.5～4m，纵深为0.8～1.5m。

从空间分布上看，橱窗又可以分为"外立面橱窗""店外橱窗""店内橱窗"。一般来说，商家经常将外立面橱窗与店铺的整体外观结合起来，作为统一的整体，进行视觉营销设计。店外橱窗是嵌在店外墙体上的玻璃展示橱窗，多见于临街的品牌店。而店内橱窗正如前面所介绍的一样，处于商铺内部，商家一般将其设置为一处独立展示的空间，结合卖点广告、道具和模特组合推出当季主打的商品（图4-23）。

对于一家服装终端门店来说，一个完整的橱窗空间需要包括模特、产品、背景、道具、灯光等。设计橱窗陈列时，设计师需要根据需求，综合考虑对这些元素的使用和规划。

图4-23　店内橱窗

1. 影响橱窗的设计要素

所有的设计工作都要经过前期的调查研究，橱窗陈列设计也是一样。通过调研，我们可以了解包括商品的定位、目标客户群的消费心理与喜好、店铺所处的地理环境、品牌文化与形象、广告策略等。所以即便是看似不大的空间陈列设计，影响设计方案的要素却不限于玻璃背后的几尺见方。

2. 品牌与目标消费人群

了解服装品牌的品牌文化、形象、背景资料与相关市场调研数据，有助于我们更好地理解品牌方的设计诉求，知道应该选用何种风格的展示方式，是商务还是休闲，是成熟稳重还是欢快活泼，等等。

目标消费者是橱窗陈列面对的主要对象，因此有必要了解目标消费人群的年龄范围、性别、职业特性、生活习性、社会阶层、消费心理与习惯等。

3. 商品主体

一般说来，商品是橱窗陈列的主体，通常占据主要位置，是视觉的中心。展示商品的体量直接影响到橱窗陈列的规划。根据商品体量与橱窗实际空间尺度，在做橱窗规划时，设计师需要综合考虑橱窗的整体视觉平衡与视觉冲击力，合理安排商品布局，通过调整商品与商品之间、商品与道具之间、模特与空间中其他物体或元素的距离，形成视觉高低层次感与空间疏密节奏，从而达到突出重点、强化视觉中心的效果。

对于橱窗内陈列商品的种类、数量也应该有所筛选，不应简单地将橱窗看成是陈列商品的窗口，而应将其看作是讲好品牌故事，与潜在消费者交流沟通的窗口。因此，橱窗陈列设计不是罗列商品或者是商品的堆叠，相反应该精挑细选出最有说服力的精品，配合展示道具、空间结构等，营造出更具视觉冲击力的橱窗陈列。

4. 时间及环境

设计师在构思橱窗陈列设计时，必须考虑白天、夜晚，在不同光照环境下，橱窗的陈列效果。做展示设计时，不能只孤立地考虑橱窗展示效果，还需要与周围环境的基调相协调，这个周围环境可以小到橱窗所在建筑物本身的风格，也可以大到整个街区的风格，有时周边环境也可以成为决定设计构思的重要条件。

5. 橱窗的构图

橱窗构图是为了使橱窗陈列设计、空间布局、元素组织，包括商品、模特、道具的位置关系，以一种更加有序的方式组织在一起，构成一个协调统一的规划方案。

构图是橱窗陈列设计的基础。好的构图必然遵循形式美法则，主题突出、主次分明，这是优秀的橱窗陈列设计的基本要求。橱窗构图包括：商品主题的空间位置与所占空间比例，商品之间与主体形象的位置关系，橱窗空间的分割形式，橱窗主视觉元素与分布，运用的形式美法则等。

6. 橱窗的构图形式

（1）均衡式构图。均衡式构图包括对称式构图和不完全对称式构图。对称的构图形式给人以稳重、安定、富有权威的感觉，适合表现一些庄重、郑重的主题。然而，完全对称式的构图在实际设计中是比较少见的，更常见的是一种不完全对称的均衡式，它没有对称式死板，适合表现一些相对轻松活泼的主题（图 4-24、图 4-25）。

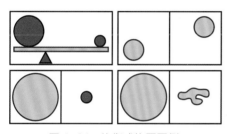

图 4-24　均衡式构图图例

图 4-25　均衡式构图的橱窗

（2）三角形构图。也称金字塔式构图，是橱窗陈列中运用最广泛的一种构图方式（图 4-26）。它可以是正三角形、斜三角形，也可以是倒三角形。正三角形构图类似一种对称式，具有稳定感；斜三角形构图由于其灵活性，更加常用。

（3）并列式构图。并列式构图具有一定的安定感和稳重感，通常被用在较长的橱窗构图中。通过重复的陈列手法，达到增强视觉冲击力的效果（图 4-27、图 4-28）。

（4）放射状构图。放射状构图的优点是很容易形成视觉焦点，使画面更有层次感。放射状的

图 4-26　三角形构图

构图可以体现在产品的陈列方式上——以一个主要商品为中心，附属商品向四周扩散排列；也可以体现在橱窗的背景上（图 4-29、图 4-30）。

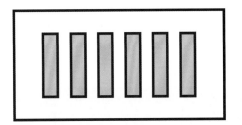

图 4-27　并列式构图图例

图 4-28　并列式构图的橱窗

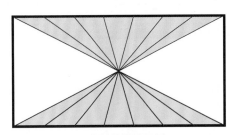

图 4-29　放射状构图图例

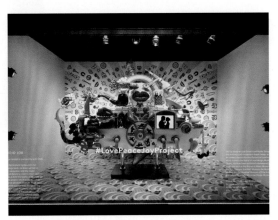

图 4-30　放射状构图的橱窗

三、橱窗陈列的色彩

　　色彩搭配是视觉营销设计中重要的组成部分，色彩可以反映品牌商品的个性、整体基调乃至某些情绪态度的表达。色彩是人们感知事物的第一要素。有数据表明，在人们观看对象的前 20s 内，有 60% 的注意力关注的是色彩，而在注视对象 5min 后，对色彩的关注力仍有 50%。因此，橱窗陈列的色彩搭配成功与否，直接影响到是否能够吸引潜在消费者注意，以达到传达品牌形象、加深品牌认知的作用和效果。

　　对于服装品牌的橱窗陈列设计来说，色彩搭配的首要任务是：商品服装的风格、色彩与背景主题、色彩及道具的搭配统一和谐。也就是说，模特、商品、背景、道具之间的色彩元素要有一定的呼应。

1. 色彩的明度和纯度

橱窗陈列设计中，要注意色彩明度和纯度的搭配对品牌形象、商品性格的影响。明调指的是由多种接近白色的高明度色彩构成的色彩搭配，通常带有清新、柔和、理性的情感。明调橱窗中，如果加入一些少量的暗色，可以增加视觉张力，增加橱窗整体的层次感（图4-31）。

暗调指的是由多种接近黑色的色彩构成的低明度的色彩搭配形式，适合表现神秘、阴郁、恐怖等情绪。同样，如果在暗调中加入少量的高明度色彩，则可以增加画面的活力，使画面更生动（图4-32）。

图4-31 明调的橱窗色彩　　　　　　　　　　图4-32 暗调的橱窗色彩

高纯度的配色给人一种华丽绚烂、生机勃勃的感觉，这种配色富有活力，能够有效吸引顾客的眼球。低纯度配色是指各种浅灰色调、蓝灰色调等接近灰色的颜色。低纯度配色通常给人一种沉着稳定、朴素雅致的感觉（图4-33、图4-34）。

图4-33 高纯度的橱窗色彩

图 4-34　低纯度的橱窗色彩

◇ 2. 色彩的情绪

　　红色通常给人带来热情、奔放、刺激、积极、力量等情绪，在一些国家，比如我国，红色还包含喜庆、祝福、庄严、权威等感情色彩。红色与黑色搭配能营造出一种权威、庄严的氛围（图 4-35）。

　　橙色兼具红色的热情和黄色的活泼，因而给人一种积极开朗的印象。它不像红色那样显得过于激进，更具亲和力，给人以亲切、温暖的感觉。橙色象征着年轻与活力，能有效地激发人积极向上的情绪（图 4-36）。

图 4-35　红色调橱窗

图 4-36　橙色调橱窗

　　黄色象征光芒，能给人带来轻松和愉悦感，是充满希望的颜色。需要注意的是，色彩的明度和纯度也影响色彩的性格表达。例如，浅黄色给人以温柔平和的感觉，而金黄色则象征辉煌，有一种高贵庄严的感觉，在中国古代也是皇权的象征（图 4-37）。

图 4-37　黄色调橱窗

　　绿色代表自然、健康，是生命、和平的象征。绿色是大自然中最常见的颜色，因而也是环保的专用色。绿色给人以舒适、清凉、宁静之感，让人感到心旷神怡、安详娴静（图 4-38）。

　　蓝色是疗愈的颜色。看到蓝色会让人联想到天空和大海。蓝色是智慧和纯洁的象征，同时，它还象征着宁静、深邃、遥远、寒冷，还有一种独有的忧郁气质（图 4-39）。

图 4-38　绿色调橱窗

图 4-39　蓝色调橱窗

四、橱窗陈列的照明

　　橱窗里的灯光不仅仅是为了延长橱窗的展示时间，也是塑造橱窗空间、渲染氛围、烘托虚实、增强商品色彩和质感的重要工具。灯光可以起到统一色调、突出重点、打造层次、增强空间感的作用。

1. 橱窗照明的基本概念

　　（1）照度。照度是单位面积上入射到表面的总光通量，用来衡量入射光照射表面的程度。

它由光度函数进行波长加权得出，与人类亮度感知相关联。

（2）亮度。亮度是表示人眼对发光体或被照射物体表面的发光或反射光强度实际感受的物理量；可理解为单位面积内看上去有多亮。

（3）显色性。是指光源对于物体自然原色的呈现程度，也即色彩的逼真程度，通常叫显色指数。显色性可分为"忠实显色"和"效果显色"。国际照明委员会（CIE）将太阳光的显色指数（CRI-Color Rendering Index）定为100，并规定了15种测试颜色，用R1~R15分别表示这15种颜色的显色指数。当把一个个光源与规定的参考光源进行比较时，指数为100时是最好的。每种光源都有相对敏感的一种颜色，比如某种光源对红色敏感，在它的照射下，红色物体所显示出来的颜色就会更加真实，但其他颜色的物体在它的照射下却不一定能达到真实还原颜色的效果。一般来说，白炽灯的显色性较好，最接近太阳光的照射效果（表4-1）。

（4）色温。光源的色温是理想的黑体辐射体的温度，该辐射体辐射出与光源颜色相当的颜色。其单位是开尔文（K），1色温就是1K。暖色光的色温低，一般在3300K以下，3300K以上可以称之为冷色光，白光的色温为6500K左右，因此我们可以用暖色光与白光混合出4000K左右的色光（中性色）。一般来说，适合服装展示的色温为3000~4000K。

（5）眩光。眩光是由于光照太强，使人感觉刺眼的光。眩光容易引发视力受损，造成情绪烦扰和不安。

表4-1 市售主要光源显色性评估值

光源	显色性评估值（Ra）
云长高频无极灯	≥80
LED灯（发光二极管）	70
日光灯三波长	80
日光灯自然光（冷白色）	65
日光灯白光（日光色）	69
水银灯泡	40
复金属灯	65
高显色性钠光灯	53
钠光灯	25
卤素灯泡	100

2. 橱窗照明设计的原则

① 尽可能隐藏光源，并注意照射角度，避免出现眩光。

② 根据商品的色彩和质感选择光源和光色，应能最大限度地还原商品的本色，避免出现色彩偏差。

③ 尽量减少光照对商品的损伤。

④ 注意防火、防爆、防触电，应及时通风散热。

3. 橱窗的照明方式

（1）基本照明。基本照明是为了保障橱窗内基本亮度的照明。基本照明需要注意防止白天出现镜面反光的现象，应对措施是相应地提高照度水平。基本照明一般在建造橱窗时就安装完成了，属于固定位置，无法移动。

基本照明要保证橱窗环境亮度均匀，因此一般安装在橱窗的顶部、侧边与底部，分别为顶光、变光和底光。安装时，要注意隐藏光源，避免灯光刺激顾客眼睛（图4-40）。

（2）聚光照明。聚光照明是一种将光线聚焦在商品上的一种照明方式（图4-41）。当橱窗光束聚焦在某一需要重点突出的部位时，可以达到一种烘托展示气氛的效果。聚光照明也可以采用一种较为平坦的配光方式，适合突出橱窗内部的所有产品。

图4-40　橱窗基本照明

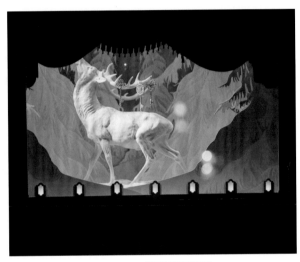

图4-41　橱窗聚光照明

（3）特殊照明。特殊照明是指针对某些商品的特点，采用特别照明手段，从而更好地突出商品的质感与特点（图4-42）。比如，如果要突出商品轻薄飘逸的特性，可以采用从商品的下方打光，俗称脚光；而如果要突出商品晶莹剔透的特性或透明的质感，可以采用后光照明。特殊照明也要注意隐蔽光源。

图4-42　橱窗特殊照明

（4）气氛照明。橱窗陈列的照明中还可以借助一些色彩，如彩色霓虹灯、加滤色片的灯具等制造出各种彩色的光源，用以烘托氛围，或制造某些特殊效果，增加视觉张力。使用氛围照明时，需要注意有色灯光要避免影响商品的固有色，造成展示商品色彩的偏差（图4-43）。

五、橱窗陈列的道具

道具是橱窗陈列设计中必不可少的元素之一，它起着烘托氛围、突出主题、吸引顾客注意的作用，有时对于陈列效果起着决定性的作用。许多橱窗陈列设计的创意是通过道具的设计表现出来的，道具是品牌讲述故事最好的工具。

1. 道具的分类

道具可依据其表现的主题和形式，分为具象道具和抽象道具。

图4-43　橱窗气氛照明

（1）具象道具。具象道具主要来源于对自然界和人们生活的模仿。对自然界模仿的道具如花、草、树、木、动物、草原、山川、河流等。对人们生活的模仿主要来源于人们的生活起居，如一些家具、儿童玩具、器皿、建筑、工具、石膏像等。具象道具一般形态逼真，由于接近人们的生活，因而易给人一种平易近人的亲切感，多用于一些大众消费品牌的橱窗设计。

（2）抽象道具。抽象道具的形态一般是几何形体或有机形体，不受主题的限制。几何形体道具，包括背景卖点广告装饰，给人以理性、数学之美感，摆放形式多遵循形式美法则。由于设计风格简约，虽然看似形式简单，但材料和细节制作考究，往往被高端服装品牌所青睐。有机形体道具相比几何形体道具更活泼，呈现出一种流动性、弹性和张力，往往让人联想到生命的律动。

2. 道具的设计

道具设计总是围绕着展示商品的主题与风格进行的。任何物品只要符合陈列主题、有助于设计构思的表达，都可以作为橱窗陈列的道具。然而需要注意的是，始终要记住道具在橱窗空间仅仅是辅助展示，起烘托氛围的作用，展示的主角始终是商品，因此道具设计既要彰显创意与个性，又不可以过于喧宾夺主，否则就是本末倒置了（图4-44~图4-46）。

图4-44　香水橱窗及道具的设计

图 4-45　生活场景道具的设计

图 4-46　爱马仕橱窗道具的设计

第三节　橱窗设计风格分类

橱窗的设计风格按照技艺手法、发源地及被广泛使用的地域来划分，可以分为美式风格、法意式风格、英式风格和瑞士风格等。

一、美式风格

美式风格的橱窗注重营造强烈的氛围感，特点是剧场式的装饰风格，又被称为氛围型橱窗。这类橱窗的表现形式有三种：大氛围，利用道具、模特等元素营造一种生活场景或故事情节，拟人化或抽象化模特。

美式风格的橱窗在设计上不过多地讲究精致、细腻，展现的形式随意，但有极强的视觉吸引力；注重空间展示，善于营造宽敞的空间，大氛围的色彩感容易吸引顾客的注意力；模特生动、造型丰富（图 4-47）。

图 4-47　Saks Fifth Avenue 冬季橱窗（Snowflake Spectacular 主题）

二、法意式风格

法意式风格的橱窗，讲究品质感、简洁，设计手法上多遵循形式美法则。由于其本身营造的一种高品质感，许多奢侈品品牌多采用这种风格，象征着高价位、引领时尚，和独特的设计见解。该类风格的橱窗设计简单，追求设计创意、形式美，对于工艺、材料和版型都有较高的追求。

与美式风格橱窗依靠氛围去吸引顾客眼球的方法不同，法意式风格的橱窗依靠产品自身的魅力去吸引顾客。其装饰特点是：不需要过多的装饰物，产品自身才是主角，注重灯光和道具的品质感，模特以中性化表情为主，注重对橱窗空间结构的打造，因而成本较高（图4-48、图4-49）。

图4-48 路易威登的橱窗设计

图4-49 日本设计师佐藤大为爱马仕设计的橱窗陈列

三、英式风格

英式风格属于较为传统的一种风格形式，适合展示成熟女装、商务男装类型的品牌服饰，给人一种严谨、庄重、内敛、古典、绅士的感觉。装饰风格较为简洁，多搭配一些生活化的道具，如雨伞、书、报纸、皮箱等。模特选用也较严谨、庄重，多采用无头模特、无表情模特（图4-50）。

图 4-50　英式风格橱窗陈列

四、瑞士风格

瑞士风格橱窗擅长使用悬挂技巧，技法细腻，色彩搭配轻盈生动，特点是"以静为动、以静为神"，以静态展示手法创造出动态的错觉。装饰上以生活化道具为主，讲究色彩搭配，注重结构的体现，技法细腻、制作工艺精益求精，给人以赏心悦目的享受。由于悬挂式展示方式技巧性强，复制性弱，因此多用于形象店、旗舰店，不适合大范围推广（图 4-51）。

图 4-51　瑞士风格橱窗陈列

第五章
服装陈列设计的视觉色彩

色彩设计的主要目的是将卖场中的多色服饰根据色彩的规律整合统一，让场面看上去排列有序，能吸引顾客的眼球。重点在于运用明暗、强弱、面积大小的一些因素进行规划，用丰富的色彩制造出卖场的节奏感，调动顾客的购物情绪。

色彩设计是服装陈列设计的重要组成部分，在服装陈列设计中常常会借助色彩的性格属性来引导顾客对卖场展示空间产生视觉联想。本章阐述了服装卖场中色彩设计的作用，对空间的色彩设计和商品陈列的色彩设计进行举例分析，并详细介绍不同的色彩设计方法在卖场陈列设计中应该如何运用。

第一节 视觉色彩陈列的基本要素

不同的色彩能够带给人不同的心理感受。色彩的这些特性，使它在卖场陈列中起到重要的作用，在卖场货品的配置分类中，色彩常常成为优先考虑的要素。在进行色彩设计的学习过程中，我们首先要掌握色彩的基本原理，然后了解服装陈列的色彩搭配与组合知识，再通过实际积累，不断丰富自己的色彩感觉，这样才可以轻松自如地进行卖场色彩设计。

一、遵循色彩的基础知识

1. 什么是色彩

在日常生活中，我们会将色彩与设计、形状、材料、功能等综合起来进行视觉上的认知。色彩的三要素有：色相（颜色、色调）；纯度（色彩的饱和程度）；明度（颜色明亮的程度）（图5-1）。

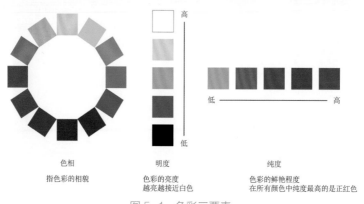

色相	明度	纯度
指色彩的相貌	色彩的亮度 越亮越接近白色	色彩的鲜艳程度 在所有颜色中纯度最高的是正红色

图 5-1 色彩三要素

色相指色彩的相貌。明度是不同颜色相比较的明亮程度，如赤、橙、黄、绿、青、蓝、紫中，黄色的明度最高，蓝色、紫色的最低。同一种颜色中加入黑色后，明度降低；加入白色后，明度升高。如浅红的明度高于大红，大红又高于深红。纯度则指色彩的鲜艳程度和颜色中所含彩色成分多少，是颜色的纯粹程度。例如，黄色中掺入一点黑或其他颜色，黄色的纯度就会降低，颜色略变灰。色相、明度、纯度之间的关系见图5-2。

2. 常用色彩体系

在用语言对色彩进行说明时，如果对话双方没有对色彩文化形成基本共识的话是非常麻烦的。因此，便形成了一些将色彩标记为符号的表色体系，以便于形成色彩共识。

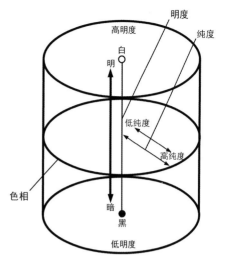

图5-2 色相、明度、纯度之间的关系

常用的色彩体系分为两大类：以色光的混色为准的色彩体系（或称混色系），和以色彩颜料调色为准的色彩体系（或显色系）。目前常见、常用的色彩体系包括孟塞尔色彩体系和奥斯特瓦尔德色彩体系，还有吸取了这两种色彩体系优点的PCCS色彩体系。美国孟塞尔色彩体系是在世界范围内普及率最广的表色体系（图5-3），孟塞尔色彩体系通过三个因素来判定色彩，这三个因素（或称品质）为色调、明度和纯度。

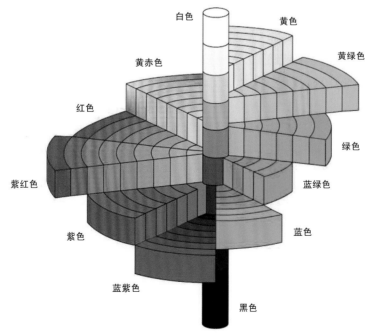

图5-3 孟塞尔色彩体系

前述的色彩体系各具特征，其中日本色彩研究所研制的 PCCS 色彩体系最大的特点是将色彩的三属性综合成色相与色调两种观念来构成色调系列。以一般设计为主，服装设计及其各种相关商品的设计、室内装饰设计等都会采用系统化的色彩体系。在 VMD 中，也充分用于时尚领域和服装设计领域中。

3. 色彩基础知识

不同的色彩会给人带来不一样的感觉。红色、橙色、黄色为暖色系，给人温暖的感觉；蓝色、蓝绿色、蓝紫色为冷色系，给人寂寞或是清凉的感觉；绿紫色和无彩色属于个性色；而在无彩色中，白色偏冷，黑色偏暖。

知道色彩的基本规律，就可以自由自在地进行色彩搭配。如果能很好地组合色彩三要素各自的特征，就能创造出多种多样的配色。了解它们的性质并熟练地运用它们，就能打造出视觉效果强烈的陈列空间。

（1）色相。孟塞尔色彩体系中共分为 10 个色相，PCCS 色彩体系中有以红色调到紫红色调为主的 24 个色相。在搭配颜色数量较多的商品时，牢记这些色相分类更易于实践。另外，根据陈列空间的不同，可以调整色相环中规定的顺序，进行更加个性化的门店形象设计及管理系统（SI）表现。

（2）纯度。例如，红色包括的范围十分广泛，从淡粉色到豆沙色乃至接近黑色的暗红色都属于红色。纯色表示这个颜色在同颜色中纯度最高、最鲜艳，很多人会将纯色误以为是原色。需要注意的是，一般接近无彩色、暗淡的颜色，纯度一般都较低。

（3）明度。以没有颜色的无彩色为纵轴，从亮色（白）到亮色（黑）分阶段进行表现的就是明度。亮色一般明度较高，暗色的明度相对较低。各种色相的纯色，其明度是有差异的，纯色的红为中明度，纯色的黄为高明度。

（4）色调。用明度与纯度复合的方法，能够灵活运用在服装陈列的整体色调氛围营造方面。PCCS 色彩体系还将常用的色调归类成 12 类，分别是淡色调、浅灰色调、灰色调、暗灰色调、浅色调、轻柔色调、浊色调、暗色调、明亮色调、强烈色调、深色调、鲜艳色调。

二、结合当下流行色的色彩陈列

新鲜的、有魅力的、能够广泛引起共鸣并易于被大多数人接受的，在人们的衣食住行等生活领域产生影响，并且成为社会话题、社会现象的色彩，就可以被称为流行色。

国际流行色委员会将色彩信息的发布时间制定在每年的 6 月和 12 月，6 月发布春夏流行色彩，12 月发布秋冬流行色彩。这是世界上最早制定的流行色相关方案，对世界各国的流行色相关机构产生深刻且长远的影响。流行色陈列一般都建立在经典色彩搭配的原则基础上，主要包括同色系陈列、对比色陈列、近似色陈列、渐变色陈列。

1. 同色系陈列

对颜色进行归类，将相同颜色或者深浅不一的同一色系放在一起称为同色系陈列。在各个主题陈列（VP）点位中，同色系陈列所有货品的颜色属于同色系，只是各个颜色的明度和纯度会有不同程度的变化。相同色系的单品陈列，在主题陈列（VP）点位中，结合重复陈列的方法，整个陈列面看起来也会非常舒服（图5-4）。同类颜色搭配在一起，会产生一种柔和的视觉效果，是最常用的一种色彩陈列方式。这种方式不仅视觉效果更好，还能方便顾客一眼找到自己的目标商品，令选购过程更加轻松（图5-5）。

图 5-4　同色系橱窗陈列　　　　　　　　图 5-5　同色系货架陈列

2. 对比色陈列

对比色是指相差非常远的颜色搭配，比如红与绿、黄与紫。强烈的对比色搭配在一起时，视觉的冲击力会更大。这种大胆的色彩陈列方式，既丰富了店内的色彩，又使气氛也跟着变得活泼起来（图5-6）。

这种陈列方式十分考验设计师的色彩搭配功力，比较简单的是黑白对比，通常使用对比色时还应考虑到色彩的饱和度和亮度等因素（图5-7）。

3. 近似色陈列

近似色陈列可给予顾客一种柔和、宁静的感觉，是大多卖场中常使用的一种色彩陈列方式，重点要注意色彩亮度上的差异，以丰富陈列的效果。考虑色彩搭配时选择相似的颜色，能够达到柔和纯粹的感觉，既打破了单一颜色的单调，也不会担心色系太杂产生杂乱的感觉（图5-8）。

4.渐变色陈列

渐变色陈列将色彩按明度深浅的不同依次进行排列，色彩的变化按梯度递进，给人一种宁静、和谐的美感。这种排列法经常在侧挂、叠装陈列中使用。明度排列法一般适合明度上有一定梯度的类似色、临近色等色彩。但如果色彩的明度过于接近，就容易混在一起，反而感到缺乏生机。渐变色陈列在视觉上有一种井井有条的感觉，也因为其色彩的丰富性而被大家所喜爱（图5-9）。

图5-6　有彩色对比色陈列

图5-7　无彩色对比色陈列

图5-8　近似色陈列

图5-9　渐变色陈列

三、符合品牌形象的色彩陈列

每个服装品牌根据其品牌特点、销售方式、消费群，在卖场中服装都有特定的分类方式。卖场的商品分类通常有按系列、按类别、按对象、按原料、按用途、按价格、按尺寸等几种方法。

不同的分类方式，在色彩规划上采用的手法也略有不同。因此，陈列设计师在做色彩规划之前，要了解本品牌的分类方法，然后根据其特点有针对性地进行不同的色彩规划。下面以日本国际时装品牌三宅一生为例进行介绍。

三宅一生品牌通过简化展示和包装方式，使商品在视觉上具有优先权。鲜艳的色彩在简单的纯色背景下有效地吸引了客户的注意力。陈列空间被明亮的白光照亮，使衣服发光，营造出生动的购物氛围（图5-10）。

位于日本原宿的三宅一生店铺，专营 BAO BAO ISSEY MIYAKE 手包系列产品。此店铺无论是橱窗设计还是店铺陈列都应用了 BAO BAO ISSEY MIYAKE 手包中的三角元素，店内墙壁分成黑白两种渐变颜色，与色彩鲜艳的产品形成了鲜明的对比。而展示产品的货架也是被放置在长架上，使视觉上有一种无限延伸的感觉（图5-11）。

图 5-10　三宅一生服装陈列　　　　　　　图 5-11　三宅一生手包陈列

四、符合消费定位的色彩陈列

色彩陈列绝对是吸引顾客进店、提升品牌形象的重要营销手段。只有用系统的色彩战略紧抓消费者的心理，迎合消费者个人色彩偏好，才能打造符合消费者需求与定位的色彩陈列。

1. 用系统的色彩战略抓住消费者的心

以优衣库品牌为例，其最具代表性的是 2000 年首次发售的摇粒绒的配色，当时这还属于比较稀少的户外服装类型。通过这次服装陈列设计，优衣库品牌的知名度一下子提高了。各种颜色的服装，暗示消费者有多种选择，消费者往往会在众多颜色中选择自己最中意的一款，不知不觉中就完成了消费行为。毫不夸张地说，这种形式的店铺陈列设计牢牢抓住了消费者的心理，成功赢得消费者信任的同时，也大大提升了商品销量。

将同色系服装整合在一起，会变得更加醒目、更易辨识。优衣库在其店内进行商品陈列展示时，充分使用了色彩搭配技巧。例如，从无彩色的白色开始，再以无彩色的黑色结尾；或从暖色逐渐过渡到冷色。优衣库将不同的颜色简洁易懂地传达给顾客，带给人整齐划一的视觉印象（图 5-12）。

图 5-12　优衣库系统色彩陈列设计

2. 迎合消费者个人色彩偏好

色彩本身具有明显的个人偏好，受个人品位和爱好的影响。在不同的文化背景下，相同的颜色有不同的寓意。例如，中国传统色彩审美中的白色与欧洲基督教文化背景下的白色就有着不尽相同的寓意。此外，也有不少颜色具有国际通用含义，例如红色就有警告与强调的意味，这也是为什么许多商品在促销时大多使用红色字体的原因。

基于对色彩的重要作用的了解，分析在服装陈列中，了解色彩究竟会对顾客产生怎样的作用，什么色彩更能与消费者共情就很有必要。

五、正确传递主题内容的色彩陈列

1. 有效利用颜色的联想性和象征性

人们能够通过颜色想象出各种各样的事物，这就是色彩的联想性。以文化环境和生活习性为背景，人们往往赋予颜色以某种意义，并且在一定范围内普遍达成共识。例如在中国，红色代表吉祥喜庆，黑色往往与沉重、神秘的事情联系在一起。在设计领域，在运用色彩进行设计时，必须注意色彩与象征内涵之间的对应关系。表5-1简单概述了一些常用色彩引发的联想词语。

表5-1　常用色彩引发的联想词语

色彩	联想词语
红色	热情、兴奋、强烈
橙色	快活、年轻
黄色	安全
黄绿色	新生、和平
绿色	新鲜、希望、青春
青绿色	冷静、神秘、清净
青色	理想、理智、冷静
蓝紫色	高贵、神秘
紫色	古典、高雅
紫红色	华丽、权力
白色	清白、清洁、无暇
灰色	朴素、悲伤、阴郁
黑色	神秘、恐怖、沉重

2. 利用色彩有效营造和谐空间

色彩是一种交流工具，是协调整体空间、制造惊喜的要素。色彩的季节感、流行元素、主题、情绪等能瞬间传达给人们，引起人们的共鸣。

例如日本东京银座某服装品牌门店的橱窗展示，橱窗面向室外道路，是为了吸引行人驻足观赏。这些橱窗设计的更新频率平均为每年8次，秉持着"邀请人们去银座"的设计理

图5-13　东京银座符合时代主题（2022年虎年）
的橱窗陈列设计

念，用"一期一会"的精神理念招待顾客，创作与其相匹配的服装陈列场景（图5-13）。

3. 遵循色彩学搭配要求

（1）服饰与穿着主体搭配。陈列设计师要对客群的年龄、品牌所推广的服装品牌文化都有很好的把握（图5-14）。

（2）服饰与风格主题搭配。橱窗陈列或在同一墙壁陈列时要注意整体和风格的协调、一致，避免将不同的衣服组合在一起（图5-15）。

（3）服饰陈列组合搭配。同一款式的服装要陈列在一起，同一价位的要陈列在一起，同一色系的要陈列在一起（图5-16）。

（4）服饰色彩搭配的注意事项。服饰的颜色上浅下深显得人端庄、大方、恬静、严肃，上深下浅显得人明快、活泼、开朗、自信。突出上衣的陈列，裤装颜色要比上衣稍深（上浅下深）；突出裤装的陈列，上衣颜色要比裤装稍深（上深下浅）。上衣有横向花纹的，不能搭配有竖条纹或格子的裤装；上衣有竖纹花型的，应避开有横条纹或格子的裤装。上衣花型较大或复杂时，应搭配纯色裤装；上衣有杂色时，应穿纯色裤装。下装有杂色时，应避开有杂色的上衣（图5-17）。

图 5-14 服饰与穿着主体搭配

图 5-15 服饰与风格主题搭配

图 5-16 同一款式、同一价位、同一色系的服饰组合陈列

图 5-17 下装与上装应有简繁区分

第二节 视觉色彩陈列的基本条件

随着物质文化水平的日渐提升，人们对于购物环境的要求也越来越高，视觉营销成为必然。近年来，国内营销界也把卖场陈列称为视觉营销，足见陈列在营销中的地位。色彩在陈列中的作用不容忽视，它是远距离观察的第一感觉，其传达信息的速度远胜过图形和文字。因此，对服装商品视觉营销中的色彩陈列进行研究是非常具有时代意义的。

一、流行要素与色彩要素的综合运用

每种颜色本身都是美的，如果感觉不到美，原因很可能在于出现了两种及两种以上的不太协调的配色。服装商品基本上是通过色彩所具有的形象，与设计、纹理等所有视觉效果协同演绎而成。

1. 服装的配色

在进行服装陈列设计时，首先确定服装的主题颜色以及内搭的颜色，再考虑搭配围巾、手套、包包、手帕等小体积商品，使整体色彩变得更活泼、更有魅力。配色的组合多种多样，根据季节、节日、促销主题等，考虑配色规则展开设计搭配（图5-18）。

2. 展示空间的配色

给在最重要位置展示的2~3个人体模特模型穿搭服装时，色彩的协调搭配是最基本的穿搭方法。可以通过不同的穿搭感变化方案，分别

图 5-18 服装的配色

营造不同色彩面积的大、中、小视觉效果，令最重要的服装商品展示区更具活力，更具新鲜感（图5-19）。

另外，在最重要的服装陈列区域内，当出现衣服和背景混合在一起、色彩边界模糊的情况时，可以适当地搭配方巾、披肩，通过披挂或者点缀等方式，即便只有半身，在可以将边界衬托出来的背景中加入单色的商品也能起到很好的效果。此外，还可以通过设置能够使商品更立体、更易被看见的强力的灯光设备，来衬托服装商品（图5-20）。

二、服装色彩与陈列方式的协调表现

在陈列商品时，商品本身的颜色所带来的效果固然重要，但也必须考虑到与相邻商品相互

作用的效果，以及与陈设设备和背景墙面颜色的协调。卖场的墙壁以白色、灰色系居多，如果要将同色系的商品陈列在货架上，可加入前后对比强烈的颜色以突出存在感，在陈列和展示的场所中下功夫是必要的。此外，卖场的色彩推广也很重要，例如促销计划、流行趋势、流行色等信息。

图5-19　展示空间的配色1

图5-20　展示空间的配色2

1.墙面衣架的陈列配色

在衣架上悬挂商品时，有在底部和顶部设置悬挂的情况，也有只悬挂在顶部或者底部的情况。如果想要以色彩变化为原则悬挂服装的话，最自然直接的方法是参照彩虹的配色或者从冷到暖的颜色过渡。

但是，按照色相环的色彩顺序排列商品，很容易将不适合放置在一起的服装商品混合在一起。因此在实际情况中，可以首先统一顶部悬挂和底部悬挂的色彩顺序。即使是按照服装属性分类陈列的衣架，各个衣架的色彩顺序也最好统一。

在实际应用中并不用那么教条，不一定要左浅右深，也可以是左深右浅，关键是一个卖场中要有一个统一的序列规范。这种排列方式在侧挂陈列时被大量采用，通常在一个货架中，将一些色彩深浅不一的服装按明度的变化进行有序排列，这样会在视觉上产生一种井井有条的感觉。

2.墙面格架内的陈列配色

相较于墙面衣架，面积更大的墙面格架上的配色决定了卖场的整体形象。因此，有必要对其进行充分的设计规划。可以以色相环的色彩顺序或彩虹配色为基础（图5-21），也可以根据不同卖场的实际情况，独创配色顺序，并制作成参考手册。

一般来说，人们在视觉上都有一种追求稳定的倾向。因此，卖场中的货架和陈列面的服装色彩排序，一般都采用上浅下深的明度排列方式。就是将色彩明度高的服装放在上面，色彩明度低的服装放在下面，这样可以增加整个货架上的服装在视觉上的稳定感（图5-22）。在人形模特上正挂出样时通常也采用这种方式。但有时为了增加卖场的动感，也经常采用相反的手法，即上深下浅的方式以增加卖场的动感。

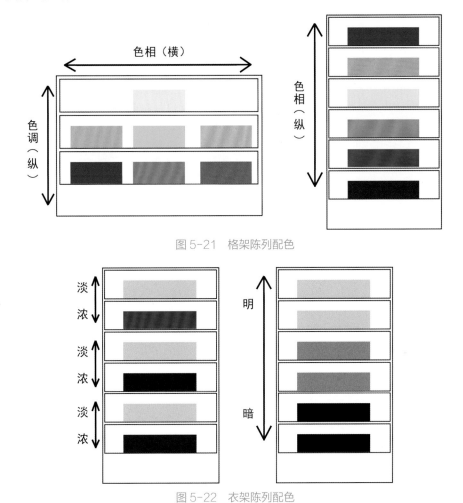

图 5-21　格架陈列配色

图 5-22　衣架陈列配色

3. 摆设与店内的陈列配色

陈列商品的摆设既要衬托主角，又要维持店铺（卖场）的形象。使用的商品最好主题统一、色彩单一，或者只以单色呈现，例如像一些运动服饰那样选取固定经典的色彩搭配。但是，随着季节的变化，商品的色调会发生显著变化。这种情况下最好不要在墙壁、天花板、地板上再添加颜色。单色、极淡的颜色、自然的原木色、不锈钢、水泥等颜色都很合适（图5-23）。而且将地板颜色设计得暗一些，整体陈列空间会更具稳定感。

另外，儿童、婴儿服饰商品卖场，由于淡色、浅色的商品较多，因此许多陈列道具也采用浅色搭配（图5-24）。但是，如果大面积使用白色、浅色的话，长时间在店内的售货员容易产生视觉疲劳，这一点需要注意。

图5-23　陈列空间大面积的颜色应具有整体性　图5-24　以淡色、浅色为主的婴幼儿服装陈列

三、服装色彩与环境的融合表现

服装色彩在环境中的表现，总是在一定的空间与时间范围内进行，因此，服装色彩必须与人的活动环境协调一致。陈列服装与环境之间的和谐共处，是指陈列服装在设计时必须考虑到服装色彩与环境的适宜和统一。这里的环境既包括自然环境，也包括人文环境。

1. 自然环境

不同地理环境中，人们的服装色彩会随着自然环境的不同而变化。相关专家曾根据不同地理环境所受到的太阳光线影响的不一致，将区域色彩大致分为北欧型的清冷色系和非洲、墨西哥的鲜暖色系两大类型。意大利、日本、北欧的某些地区，光线偏近钨丝灯光色；而在另一些地区则偏近于荧光灯光色。不同的自然环境光线下所显示的颜色，人们对其会有大相径庭的感受，这种现象称为显色性。由于光线色的影响，在北欧偏荧光色的光线中，人们更喜爱蓝色和绿色。居住在阳光充足、日照时间长的地区的人们大多喜欢鲜艳明媚的颜色，尤其是暖色系。例如，东南亚各个国家的人们普遍喜欢色彩鲜艳、图案夸张的衬衫（图5-25）。

2. 人文环境

所谓人文环境，不同于自然界随季节变化的自然环境，是指人们平时活动范围内的小环境。其影响因素有生活方式、语言表达、风俗习惯、宗教信仰、心理素质、社会背景、年龄、性别、身份等。例如，寒冷地区的人们更加偏爱暖色调服装，可以增强人们心理上的温暖感和安全感，情感上更易于接受。又如，红色在中国一直是尊贵、吉祥、喜庆的象征；而古埃及、古希腊、古罗马人更崇尚白色的服装，认为白色象征神圣、纯洁（图5-26）。

图5-25　夸张鲜艳的服饰配色

图5-26　象征神圣、纯洁的白色服装

第三节　服装陈列设计中的色彩情感

色相环是了解色彩原理、更好地利用色彩进行设计搭配的有效工具。17世纪末至18世纪初，牛顿发明了第一个色相环。他用棱镜把太阳光进行分解后创造了色谱。一个世纪后，德国作家约翰·沃尔夫冈·冯·歌德基于色彩对心理的影响提出了自己的色相环。其中红橙色系是"积极色"，蓝绿色系属于"冷静色"。

今天我们常见的色相环是建立在红、黄、蓝三原色的基础上的。两种原色进行混合又能产生间色，间色之间再进行混合又产生复色（图5-27）。即使是同一种颜色，单一颜色的形象与多种颜色组合后的形象，以及由视错觉所产生的形象都是不同的。因此，有必要充分理解色调所具有的意象以及相互组合后的效果。

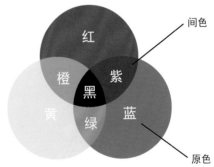

图5-27　颜色三原色

一、冷暖感

1. 色彩的冷暖

颜色大致分为暖色系、冷色系和中性色系。从色相环上来说，从红到黄是暖色系，从青绿到紫色属于冷色系。绿色和紫红色因为有着微妙的明度差异，因此都属于中性色系。

这些颜色都具有季节性表现，也可用在店内POP中。但是，一些色彩在电子显示器中呈现时，暖色也会呈现出冷色的感觉，所以在实际应用中需要充分考虑各个方面的问题。

2. 不同色调的冷、暖分类

（1）淡色调、浅色调。浅色调服装陈列如图5-28所示。暖色系的淡色调和浅色调，带给人一种春天、浪漫、可爱、单纯、快乐、孩子气的感觉；冷色系的淡色调和浅色调，给人以幻想、无邪、清纯、纯真、清爽、年轻、活力之感。

（2）浅灰色调。浅灰色调服装陈列如图5-29所示。暖色系的浅灰色调，具有一种朴素、稳重、优雅、简单、成熟的感觉；冷色系的浅灰色调，具有纤细、温柔、高雅、洗练的气质。

图 5-28 浅色调服装陈列

图 5-29 浅灰色调服装陈列

（3）亮色调。亮色调服装陈列如图5-30所示。暖色系的亮色调，给人带来健康、温暖、幸福、希望之感；冷色系的亮色调，则有初夏、清新、新鲜、平和、轻快的感觉。

图 5-30 亮色调服装陈列

（4）深色调、暗色调。暗色调服装陈列如图 5-31 所示。暖色系的深色调和暗色调，带给人秋天、厚重、沉着、古典、华丽的感觉；冷色系的深色调和暗色调，具有传统、凛然、男性的、时髦的、有格调的气质。

（5）灰色调。灰色调服装陈列如图 5-32 所示。暖色系的灰色调，给人以冬天、沉重、保守、坚实的感觉；冷色系的灰色调，带给人安定、现代、机械、老练的感受。

图 5-31　暗色调服装陈列

图 5-32　灰色调服装陈列

二、稳定感

一个围合而成的服装陈列空间，通常有四面墙体，也就是四个陈列面。而在实际的应用中，最前面的一面墙通常是门和橱窗，实际上剩下的就是三个陈列面——背面和两侧。规划这三个陈列面时，既要考虑色彩明度上的平衡，又要考虑三个陈列面的色彩协调性，形成整体上的稳定感。如卖场左侧的陈列面色彩明度较低、右侧的色彩明度较高，就会造成一种不平衡的感觉，好像整个卖场向左边倾斜一般。

将色彩明度高的服装系列放在卖场的前部，明度低的系列放在卖场的后部，这样可以增加卖场的空间感。对于同时有冷暖色、中性色系列的服装卖场，一般是将冷暖色分开，分别放在左右两侧，面对顾客的陈列面可以选取中性色或对比度较弱的色彩（图 5-33）。

图 5-33　陈列色彩的稳定感

三、层次感

使用单色是许多陈列设计师推荐运用的最有效的陈列设计方案之一。在同一个陈列空间中运用同一色彩但不同明度或纯度，往往能达到很好的视觉效果，既有层次感，又营造出极具特色的情感氛围。

1. 色彩层次

（1）明度对比。明度低的颜色和明度高的的颜色组合在一起时，低明度的颜色看起来更暗，高明度的颜色看起来更亮。

（2）色彩饱和度对比。将鲜艳（高色彩饱和度）的颜色和沉闷（低色彩饱和度）的颜色组合在一起时，沉闷的颜色会显得更加沉闷，而鲜艳的颜色会显得更加鲜艳。

（3）色相对比。不同色相的颜色组合在一起的情况下，这两种颜色都会显得比单独存在时更加突出。需要注意的是，这种对比在不同色彩相互搭配时产生不同的效果。

（4）面积对比。两块相同的颜色，面积大的颜色看起来更强烈、更鲜艳。在进行色卡选择时尤其需要注意这一点（图5-34）。

图5-34　色卡中的颜色对比

2. 视觉效果层次

颜色不同，视觉感受也不同。设计师可根据颜色的呈现方式进行分类。

（1）前进色和后退色。试着在暗色调的背景中放置几种颜色，浅色调和鲜艳色调的黄、橙等明度和纯度都较高的暖色，会有前进感，称为前进色；相反，低明度和低纯度的冷色会有后退感，称为后退色（图5-35）。

（2）膨胀色和收缩色。扩大面积的颜色称为膨胀色，缩小面积的颜色即为收缩色。暖色、高纯度、高明度的色彩就是膨胀色；冷色、低纯度、低明度的色彩就是收缩色。因此，我们经常认为高明度的颜色看起来"大"，而低明度的颜色看起来"小"。

（3）底色为黑色的效果。将彩色放在白色底色上和放在黑色底色上相比，在黑色底色上的视觉效果会更加强烈。

在陈列空间中，想要最大限度地传达给顾客信息，必须采用特别容易看到且使人印象深刻的颜色。所谓辨识度高的颜色，不是指有色相差的颜色组合，而是指有明度差的颜色组合。也就是说，浓淡的对比是更加鲜明的。例如，黑色搭配黄色、黑色搭配红色等（图5-36）。

图5-35　明度高、纯度高的颜色搭配

四、节奏感

节奏的变化不光体现在造型上，不同的色彩搭配同样可以产生节奏感。色彩搭配的节奏感可以打破卖场中四平八稳和平淡的局面，使整个卖场充满生机。卖场节奏感的制造通常可以通过改变色彩的搭配方式来实现（图5-37）。

图5-36　颜色的可视性

图5-37　节奏感陈列

第四节　服装陈列设计的配色技巧

色彩在环境中绝不会独立存在，色彩呈现出的效果以及人们对色彩的感受是由诸多因素决定的。如观看者的年龄和文化背景、大环境的色调、反射与散射的光线以及服装设计配色。应用色相和色调进行设计配色，在服装陈列设计领域是十分常用的搭配技巧。

一、同类色相 + 同类色调

相近色相和相近色调搭配的色彩方案，最大的特点是沉稳、冷静。使用同类色进行服装陈列设计，在所有陈列设计配色方案中最能营造出整体感、稳定感、细腻感。但采用对比强烈的色彩进行陈列设计时，也能够获得和谐感和节奏感。如图 5-38 即为同类色相 + 同类色调的服装陈列设计；图 5-39 为类似色相 + 类似色调的服装陈列设计。

图 5-38　同类色相 + 同类色调的服装陈列设计

图 5-39　类似色相 + 类似色调的服装陈列设计

二、同类色相 + 相反色调

这种配色方案能够在保持整齐统一感的同时更好地突出局部效果。同类色相 + 相反色调的配色方案的特点是：在整齐划一的氛围中突出、强调某些局部效果。色调差异越大，视觉突出效果就越明显。图 5-40 的案例十分生动地体现了这一特点，选用与同一色相（某色）相反的色调进行色彩搭配，在有序的视觉节奏中又凸显亮点，加深观者的视觉印象。又如图 5-41 所示，该服装陈列采用了与同一色相（蓝色）差异巨大的色调（荧光绿）进行设计点缀，且荧光绿的明度要明显高于占主导地位的蓝色，使局部特别突出，视觉表现虽强烈却又舒适。

图 5-40　同类色相＋相反色调的服装陈列 1

图 5-41　同类色相＋相反色调的
服装陈列 2

三、相反色相＋同类色调

这种配色方案使用了相反的色相，即在色相环处于相反方向的两个色彩，通过使用类似色调而得到特殊配色效果。影响这种配色方案效果的最重要因素在于色调的使用。相反色相本身就有差异性，当两个相反色相的色彩使用了纯度比较高的鲜明色调时，色相对比效果极为突出，能够得到较强的动态效果；当使用了纯度较低的黑暗色调时，即使用了多种色相相反的颜色也能够得到安静沉重的视觉效果，这是因为使用暗色调时色相的差异会变得不太明显。相反色相＋同类色调配色方案的特点是有静态的变化效果。补色与相反色相搭配可营造轻快的气氛。图 5-42 为相反色相＋同类色调的服装陈列。

图 5-42　相反色相＋同类色调的服装陈列

四、相反色相＋相反色调

因为采用了相反的色相和色调，所以得到的效果具有强烈的变化感和逆向性。如果说类似色调的配色方案能够营造轻快整齐的氛围，那么相反色相和相反色调的配色方案营造出的就是一种强弱分明的色彩氛围。影响这种配色方案效果的最大因素在于所选色相在整体画面中所占的比例。相反色相、相反色调配色的特点是有变化感和逆向性。图 5-43 为相反色相＋相反色调的服装陈列。

五、彩虹配色

所谓彩虹配色，就是将服装按彩虹的赤、橙、黄、绿、青、蓝、紫的排序排列，所以也称为彩虹法。它给人一种非常柔和、亲切、和谐的感觉。适用于色相较多的情况或者色调混合的情况，是一种为了使变化显得条理清晰的配色方法（图5-44）。彩虹法主要应用在一些色彩比较丰富的服装品牌陈列中，另外也可以应用在一些装饰品陈列中，如丝巾、领带、包袋等。

图 5-43　相反色相＋相反色调的服装陈列　　　　图 5-44　彩虹配色服装及配饰陈列

彩虹配色是具有节奏感的配色，用同一色调或同一色相概括，在系列服装陈列中常用。比如，将五颜六色的 POLO 衫按照色调分成组，每个色调为一组，并按彩虹的颜色进行排列，或者将同一色系但不同款式和尺寸的外套，放在同一个架子上等（图5-45）。

图 5-45　彩虹配色 POLO 衫陈列

六、分离配色与间隔配色

1.分离配色

在色相、明度、纯度等方面形成对比的颜色，容易产生有节奏、有秩序的视觉体验。不断地在色彩与色彩之间插入分离色，能够得到"连贯—分离"的配色效果（图5-46）。

在对服装商品进行陈列设计规划时，设计师常常会参照服装面料材质、服装风格、服装色彩等去寻找最为适合的配色加以应用（图5-47）。但是卖场中的现实情况是，服装商品的款式、色彩的更迭速度，通常是快于展陈装置的更新速度的。而服装商品往往颜色丰富、杂乱无章，这就需要展陈装置的颜色要简单、统一，通常会选择黑、白这类非彩色的颜色以突出服装，避免造成视觉混乱。

图5-46　分离配色服装陈列

2.间隔配色

间隔配色是在服装陈列的侧挂陈列方式中使用最多的一种配色方法。陈列空间中服装的色彩是复杂的，特别是女装，不仅仅款式多，而且色彩也非常复杂，有时在一个系列中很难找出一组能形成渐变排列或彩虹排列的服装组合。而间隔配色对服装色彩的适应性较广，正好可以弥补这些问题。

间隔配色由于其灵活的组合方式以及其适用面广等特点，同时又加上其美学上的效果，使它在服装的陈列中得以被广泛运用。间隔配色虽然看似简单，但因为在实际的应用中，服装不仅仅有色彩的变化，还有长短、厚薄、素色和花色的变化，所以就必须综合考虑，同时，由于间隔件数的变化也会使整个陈列面的节奏产生丰富的变化。

间隔配色的一般步骤是，首先将服装按某种分类原则进行分类，然后进行色彩间隔搭配。在实际应用中可细分为色彩间隔、长度间隔、色彩和长度同时间隔三种方法。

（1）色彩间隔。这是将款式相近，长度基本相同的服装陈列在一个挂通上，通过色彩间隔变化来获得节奏感的一种陈列方式（图5-48）。

（2）长度间隔。这是将色彩相同或相近，款式、长度不同的服装陈列在一个挂通上，通过长度的间隔变化而获得节奏感的一种陈列方式（图5-49）。

（3）色彩和长度同时间隔。这是把相同系列、不同色彩、不同长度的服装陈列在一个挂通上，从而获得更为丰富的节奏和韵律感的一种陈列方式（图5-50）。

图 5-47　参考服装的风格与配色设计陈列

图 5-48　色彩间隔的服装陈列

图 5-49　长度间隔的服装陈列

图 5-50　色彩和长度同时间隔的服装陈列

　　色彩间隔的技术要点是：采用色彩间隔法时，通常先将衣架上的服装色彩进行调整，再将同样色彩的归在一起，接着找出本架中数量最少的、颜色最出挑的色彩作为间隔的色彩。要注意的是，在一个陈列单元陈列的服装，不光要注意色彩的协调性，还要注意款式的搭配性，切勿将一些风格不同或其他系列的服装放在一起。

第六章
服装陈列设计中的照明设计

照明在服装陈列中扮演的角色和色彩同等重要，它可以提高商品陈列效果，营造卖场氛围，从而创造出愉快舒适的购物环境。在整个陈列环境中，照明具有画龙点睛的功效，它就像一个调色板，可制造出各种不同的色调，又像一个五味瓶，可配制出不同的品味。本章重点对照明在服装陈列设计中的功能与作用、服装陈列中常用的照明类型、布光方式、照明设计的形式等内容展开介绍。

第一节　照明的功能与作用

灯光可以改变整个场景的面貌和气氛，有的能够使人感到温暖，有的可以制造欢乐的气氛，有的又能使人感到沉静、庄严、肃穆。巧妙的照明设计可以提升商品价值，强化顾客的购买意愿，使视觉营销的效果达到最佳状态。反之，照明条件不好、照明方式不正确的卖场，容易令顾客产生视觉疲劳，也容易令顾客感到消极或烦躁。所以，卖场中的照明设计具有画龙点睛的积极功效，借助光源的照射，商品将变得更具魅力，卖场的整体氛围也会更加和谐。

由于空间与场地的限制，服装卖场中多采用人工光源。人工光源主要是白炽灯和荧光灯。白炽灯的光线多为暖色调，以红色、橙色、黄色为主，给人以温暖柔和的感觉。大多数品牌店卖场使用荧光灯，比较环保节能，光线以冷色调为主。从演示效果和气氛营造上，还是白炽灯比较能够达到效果，因此它是服装服饰卖场的普遍选择。

柔和适宜的光线能起到引导顾客的作用。也就是说灯光照明的作用，一是针对卖场商品，二是针对行走的顾客。如图 6-1 所示，以冷色调的荧光灯为主打光线的卖场一角，将商品中性帅气的风格衬托出来，光线布局也设置在顾客行走的路线上。图 6-2 是以暖色调的白炽灯为主打

图 6-1　冷色调卖场灯光

图 6-2　暖色调卖场灯光

111

光线的卖场一角，暖黄色的光线为包装和商品的配搭陈列更增添了协调的氛围效果。

照明的特征和效果，在照明器具目录中也会有明确的说明。而且各个商家对展示空间会进行评估和试验，以便选择适合商品的灯光照明。但是，关于照明器具的种类是我们首先必须要了解的。

一、照明器具的种类

根据安装状态，照明器具分为以下几种。

（1）密封灯：直接安装在天花板上。

（2）枝形吊灯：悬挂多个电灯泡，装饰性强。

（3）吊坠灯：吊在天花板上。

（4）落地灯：放在地板上。

（5）窄线灯：安装在摆设器具中。

（6）支架灯：安装在墙上。

（7）吊灯：埋在天花板中（吊顶）。

（8）聚光灯：向特定方向照射。

（9）足下灯：照亮脚下空间。

（10）凹槽照明（建筑化照明）：墙壁上端、用架子遮挡的间接照明。

（11）檐口照明（建筑化照明）：与墙壁平行、与天花板相接的覆盖着的间接照明。

二、照明的功能

对服装商品而言，照明能够有效增强商品的色彩与质感，强调商品特征，诠释商品内涵；对顾客而言，照明能够吸引顾客的注意力，提升服装商品的亲和力，促进购买欲望。以下从不同形式的照明出发，对照明的具体功能进行说明。

1.基本照明

基本照明是为了维持卖场基本亮度的照明。一般是直接安装在天花板上的嵌入式照明设施，以白炽灯或荧光灯为主。近年来半间接式的基本照明也在逐渐增多。

2.辅助照明

辅助照明多使用白炽灯，色温和照度比基本照明低。这种照明适合引导顾客到店里去，或者为了给顾客留下好的印象。

3.聚焦照明

聚焦照明是用于主题陈列（VP）或重点商品陈列（PP）部分的聚光照明。它具有突出商品、烘托氛围、提升形象的效果，是卖场中不可或缺的一类照明。使用时要检查反光的角度和方向，注意不要让顾客因为眩光而感到刺眼。

4. 墙面照明

近年来使用墙面照明的卖场越来越多，即使在平均照度较低的安静的店内照明环境中，如果把店内的墙面调亮，就会给人一种释放感，从而发挥照明引导顾客的效果。

5. 垂直面照明

垂直面照明是在墙面、柱面、商品陈列面等垂直面进行照明。人的视线处于水平方向时，对这个部分的亮度感受性更强，照度成为明亮感的基准。

6. 水平面照明

水平面照明是照明从正上方照射到水平面时形成的照明。除了低于视线的一面以外，是感觉不到光亮的。对店铺的商品特性了如指掌的是商家，因此设计师需要与卖场人员共同思考如何进行合适且行之有效的设计。

现如今，大部分商店都由日光灯代替了白炽灯，对增加光度、改善观看和购买的效率起到了较好作用，但仍不能完全具有产生自然的或令人熟悉的颜色的功能，不能全面地展示重点商品。

很多情况下，只有商品顶面是亮的，商品下方会形成很深的阴影，货架上悬挂的商品许多部位也是暗得惊人。为了消除这类情况，可以用间接照明缓和阴影，降低阴影的程度，或者与散光型的照明同时使用，或者用聚光型聚光灯局部照射，以提高垂直表面照度。

相反的，降低直接照明的基础照明照度，能够将店内布置得很沉静，同时，活用不同照度能够提高引导效果，引导消费者在店内的行动路线。实现这种效果的方法不是直接用灯光照射商店门口，而是像用灯光"清洗"墙面一样，通过对白墙柔和的漫射、反射来提高店铺整体的视觉效果（图6-3）。

图6-3 尽量减少阴影的光照角度

三、对服装商品的作用

光源能够增强商品的色彩与质感，加强商品的显色效果。如果是透过玻璃等有透光度和折光度的媒介，反射的光线还能增添商品的精致度，提高商品附加价值，尤其在珠宝首饰卖场中，光源的布局运用更是非常讲究，因为要考虑宝石等材质的折光度（图6-4）。强调商品特点，经过精心设计的投射光源，使商品与背景分离，从而产生空间感。此外，光是具有"情绪"的，它可以烘托制造出特别的气氛，使商品的内涵得以诠释，达到演示的最终目的（图6-5）。

图6-4 饰品照明

图6-5 能营造空间情绪氛围的照明

四、对消费者的作用

当商品不能从周围环境中凸显出来时，光线就可以吸引顾客的注意力，发挥应有的作用。利用亮度的反差可以使顾客的注意力集中在特定的商品上，从而达到视觉引导的作用。经有色光照射的商品会产生柔美的效果，使观者获得心理上的愉悦，进而增加对商品的好感，最后激起强烈的购买欲（表6-1）。

表6-1 照明效果与顾客心理

顾客心理	表现效果	照 明 要 点
不关心 注意 兴趣 联想	展出效果	店铺形象（外部装修、招牌等设备充足） 使之显眼（照度与亮度协调） 与商品形象相调和（灯具设计、功率大小的平衡，光色效果的利用） 好的印象（愉快舒适的气氛，立体感的表现）
欲望 比较 信赖 行动 满足	陈列效果	诱导（照度及其分配，装饰效果） 容易看得清（照度充足，没有眩光，光质效果的利用） 显色性（实用且必要的显色性，光色的考虑） 照明均衡

卖场的照明对于吸引顾客关注，进而影响进店率有着重要的作用，这也是人都有向有光亮的地方聚集的习性造成的。因此，通过整体灯光照明布局能够有效展示店铺自身的风格和商品独特性。明确自身定位，彰显出不同风格店面的存在感，增加竞争力，这样才能增加顾客对店铺卖场的记忆并提高进店率。

第二节　照明设计的目的与分类

想要商品被顺利销售，首先要便于观看。曝光率高的商品，销售的机会就能大大增加。橱窗设计、商品陈列、色彩的应用等都是以此为目的应运而生的。然而，如果没有照明的辅助，这些努力都会大打折扣。照明是商业建筑设计中的必备因素，尤其是服装饰卖场，照明的重要性更是不言而喻。适当的照明可以使商品更具吸引力，更容易获得顾客的接受和喜爱。店内照明在卖场中扮演的角色和色彩一样重要，它可以提高商品陈列的效果，营造卖场氛围，从而创造出舒适愉悦的购物环境。

一、照明设计的基本要求

照明也是展示陈列的重要因素，不仅有利于展示商品的美，而且还能赋予商品情态变化。因此，应根据场所和展示目的，采取不同的照明设施及照明方式。照明设计的基本要求如下。

（1）与卖场风格一致。要按照品牌定位，在处理卖场光线的冷暖明暗、选择照明用具上，与卖场风格保持一致。

（2）符合商品固有色彩。卖场中大多采用自然光色进行基础照明，即便在进行重点商品照明时，也不能夸大有色灯光的装饰效果，尽量不选择影响顾客观察商品固有色的光色。

（3）避免眩光照明。眩光是由视野中不适宜的亮度分布或极端的亮度对比造成的，会让人眼无法适应而引起厌恶反感等心理反应，如直视光源照射、镜面反射等。因此，照明设计时应尽量避免眩光。

（4）避免损害商品。卖场中照明光源设置的功率和照射方向，要考虑与货架商品之间的距离以及照射点之间的细节处理，防止照明灯光使商品局部褪色、变形。

（5）保障卖场安全。卖场安全也是陈列设计师不可忽视的环节。光源散热、用电超负荷等都是影响卖场安全的隐患。因此在店铺卖场进行照明光源布局时，应当考虑防火、防触电、防爆等措施，做到通风散热，保证用电安全。

二、照明设计的目的

1. 首要考虑因素

视觉营销工作者、陈列设计师在对卖场进行灯光照明布局时，首先要考虑以下几点：能够增加顾客进店率；能够提高商品注意力；能够诱导店内顾客停留与行走。

2. 基于照明目的的照明方法

（1）引人注目的照明方法。从邻近商店把店面装修部分照得明亮；利用彩色灯光；通过开关或调光器使照明有变化；设置有特征的电气标志或招牌灯。

（2）使过路人停留，浏览商品的照明方法。依靠强光使商品显眼；强调商品的立体感、光泽感、材料质感和色彩感；利用装饰灯具以引人注目；使照明状态有变化；利用彩色灯光，使商品和展示品更显眼。

（3）吸引顾客进入商店的照明方法。从商店的入口向内看去，正对面采用明亮的照明；把深处正面的墙面陈列作为第一、第二橱窗来考虑，照明要明亮；在主要通路的地面上设计明暗相间的图案，表现出韵律感；沿主要通路的墙面灯光要均匀且特别明亮；将沿着主要通路的墙面做成明暗相间的图案，表现垂直的韵律感；在重要的地方设置醒目的装饰用灯具。

（4）使顾客在店内能顺利走动的照明方法。改变一般照明的灯具种类和配置；售货处和主要通道的照明，要研究其照明效果，使之富有变化；售货处设置顶盖、柱饰等内部装饰时，要把照明一同考虑；用特殊设计的灯具设置脚光照明，使走动时有安全感；以光线划分售货处的不同区域。

（5）以烘托商品为主的照明方法。一般照明以隔片等来遮挡光线，使灯具不显眼；在重点照明的场合，中央陈列部分用聚光灯，在高处橱窗、陈列架内设置荧光灯，在陈列橱、陈列架内设置荧光灯，在陈列橱上部设置吊灯。

（6）减轻眼疲劳的照明方法。采用眩光少的一般照明；重点照明考虑照射方向和角度，还要考虑它的反射光；为了重点照明，用强光向商品照射时，光源要充分遮挡以防止眩光；装饰用灯具不可兼做一般照明和重点照明；采用背景照明的方式，即照明器组合式照明，使朝下方的配光多一点，把商品照射得亮一些，使朝上方向也漏出一点光，以改善顶棚面的阴暗。

防止镜像的条件：以下是橱窗的陈列品和外景亮度之间的关系。为了使顾客在观看陈列品时不致被外景的反射物像妨碍，最低限度的条件关系如下。

$$陈列品的亮度（L_i）\geq \frac{玻璃的反射率（r）}{玻璃的透过率（t）} \times 外景亮度（L_o）$$

通常光线垂直向5mm厚的透明玻璃入射时，大致是 $r = 0.08$、$t = 0.09$，所以上述关系式等于：

$$L_i \geq （0.08/0.09）L_o$$

$$L_i \geq 0.9L_o$$

即陈列品的亮度必须至少有外景亮度的90%以上，一般而言大致的最低标准为20%。

三、照明设计的类型

卖场照明应根据卖场的布局和商品的特性进行设计，视觉营销工作者和陈列设计师要了解灯光照明的种类。

1.基本照明

基本照明是适合于零售店铺照度的照明，在设计店铺照明时，要按照国家颁布的建筑物照度标准进行设计，不同的店铺卖场要根据自身的面积、层高、自然采光等进行基本照明的设计规划。天花棚顶上的圆形筒灯照明属于店铺基本照明，应根据层高面积设计出相应的照度并计算出照明灯的数量（图6-6）。

2.重点照明

对于卖场中的重点商品，在主要的展示空间区域要做重点照明（图6-7）。重点照明和基本照明之间的亮度差要分出层次，两者之间要有3~6倍的差距，才能凸显重点照明的展示效果，从而强烈吸引顾客的注意力。

图6-6 基本照明

图6-7 重点照明

3.装饰照明

装饰照明多用于卖场特定天花棚顶的装饰用灯，或者是为主题活动、大型促销活动调节气氛而使用的特殊照明方式，主要以突出宣传效果和调动顾客的情绪为主（图6-8）。卖场内人形模特模型头上的悬垂灯属于装饰照明中的流线型灯具照明，衬托着流线型廓形大衣，让顾客印象深刻。

4.环境照明

卖场内的环境照明有基本照明、重点照明重叠形成的光线效果，如店铺卖场中的荧光灯和白炽灯两种不同光源交错形成的光源照射。男装卖场的天花顶棚由基础照明的圆筒灯和重点照明的射灯组成，形成了两种不同光源交错的光源照射（图6-9）。从图6-9中可以看出，基本照明为荧光光线冷色调，而围绕着壁柜的天花棚顶的射灯属于重点照明，光线为暖色调的黄色光。

图6-8　装饰照明　　　　　　　　　　　　　图6-9　环境照明

第三节　服装陈列中常用的照明灯具

卖场展示常用的光源灯具种类很多，陈列设计师要掌握基本的灯具功能和特点。以下分别从灯具的种类、照明方式、照明手法以及安装方式四个方面分析常用的照明灯具。

一、按灯具的种类分类

1. 白炽灯

白炽灯即一般常用的白炽灯泡，具有显色性好、开灯即亮、明暗能调节、结构简单、成本低廉的优点，但缺点是寿命短、光效低，在卖场中通常用于走廊等区域的照明。

2. 荧光灯

荧光灯也称节能日光灯，具有光效高、寿命长、光色好的特点，造型有直管型、环型、紧凑型等，是应用范围广泛的节能照明光源。用直管型荧光灯取代白炽灯，节电达到70%～90%，寿命长5～10倍；用紧凑型荧光灯取代白炽灯，节电达到70%～80%，寿命长5～10倍（图6-10）。

3. 卤钨灯

卤钨灯指填充气体内含有部分卤族元素或卤化物的充气白炽灯，具有普通照明白炽灯的全部特点。但其光效和寿命比普通白炽灯高1倍以上，且体量小，除服装卖场需要外，也常作为射灯用于静态展览展厅、商业建筑空间、影视舞台等。缺点是工作时温度较高且有较强紫外线，容易对商品产生一定的影响（图6-11）。

图6-10　荧光灯

图6-11　卤钨灯

4.低压钠灯

低压钠灯发光效率高、寿命长、光通维持率高、透雾性强，但显色性差，经常用于有不同光色要求的场合（图6-12）。

5.LED灯

LED（Light Emitting Dlode，发光二极管）是一种能够将电能转化为可见光的固态的半导体器件，它可以直接把电能转化为光。LED灯小巧，能耗非常低，使用寿命长，安全性高。

二、按照明方式分类

图6-12　低压钠灯

1.筒灯

筒灯的外观简洁大方，直径大小、尺寸多样，有嵌入天花板内的，也有直接悬挂的。筒灯可以使光源平均分布。在卖场进行光源照明规划时，要设计好筒灯相互之间的距离和投射角度（图6-13）。

2.射灯

射灯是服装卖场不可缺少的灯具，种类和光强度都不尽相同。射灯的照度很强，可以按自由角度进行调节，但是自身热辐射也很高，所以安装时要注意和商品保持一定的距离（图6-14）。

图6-13 筒灯   图6-14 射灯

3. 轨道灯

轨道灯可安装于轨道或直接安装于棚顶或墙壁，既可提供基础照明，又可突出重点，是投射照明的最佳选择之一（图6-15）。

4. 灯带

灯带是指把LED灯用特殊的加工工艺焊接在铜线或者带状柔性线路板上面，再连接上电源发光，因其发光时形状如一条光带而得名（图6-16）。

图6-15 轨道灯   图6-16 灯带

三、按照明手法分类

1. 照射位置与阴影（立体感）

（1）当光线从左边投射过来时：陈列的服装商品能够产生立体感，但明暗对比过于强烈，视觉上容易产生不柔和、不舒适的感觉。

（2）当光线从左斜上方投射过来时：陈列的服装商品既有立体感，也有细节表现。

（3）当光线从正前方投射过来时：陈列的服装商品顶面的细节表现容易不到位。

（4）当光线从多角度全面投射过来时：陈列的服装商品的细节能够全部展现。

（5）当光线从斜后方投射过来时：陈列的服装商品大面积处在阴影中，视觉效果不佳。

（6）当光线从正上方投射过来时：只有顶部是明亮的，这种光线设计对服装商品陈列来说几乎没有意义。

2. 散光与聚光

散光为大范围的照射，以适当的照度使整体更容易观看。聚光是为了提高集视性，强调光斑效果。

3. 直射与交射

除了从某个方向直接照射的效果外，可以通过几个照明灯同时交叉照射来达到适合的照度，还可以调节不同的照射角度，设计不同的照明展示效果。

4. 直接照明和间接照明

直接照明是直接照亮对象物。间接照明是对对象物间接照明，使光反射、扩散，变得自然缓和。

5. 卖场照明

卖场照明有照亮卖场整体的基础照明、展示重点商品的重点照明、准确照亮商品的商品照明等，在考虑各自的作用、效果的基础上进行规划设计是很重要的。

卖场照度的规划：假如店内照度为1时，橱窗和店头的照度应为它的3~5倍，店内着重展示部分为1.5~2倍，最里面的角落为1.5~3倍。考虑目的、作用、效果等因素，卖场的照明规划设计非常重要。

四、按安装方式分类

1. 吸顶灯

吸顶灯是灯具的一种，顾名思义是由于灯具上方较平，安装时底部完全贴在屋顶上所以称之

为吸顶灯。光源有普通白灯泡、荧光灯、高强度气体放电灯、卤钨灯、LED等。按构造分类，吸顶灯有浮凸式和嵌入式两种；按灯罩造型分类，吸顶灯有圆球型、半球型、扁圆型、平圆型、方型、长方型、菱型、三角型、锥型、橄榄型和垂花型等多种。吸顶灯在设计时，也要注意结构上的安全（防止爆裂或脱落），还要考虑散热。灯罩应耐热，拆装与维修都要简单易行（图6-17）。

图6-17 吸顶灯

2. 吊灯

所有垂吊下来的灯具都可归入吊灯类别。吊灯无论是以电线或以支架垂吊，都不能吊得太矮，否则会阻碍人正常的视线或令人觉得刺眼。吊灯也是最具有装饰特点的灯具，设计上呈多样化和趣味性，按照材料和造型，也有着和服装一样多种多样的风格（图6-18）。

图6-18 吊灯

3. 室内壁灯

室内壁灯一般多配有玻璃灯罩，带有一定的装饰性。壁灯安装高度应略超过视平线，以1.8m的高度为宜。壁灯的照度不宜过大，这样更富有艺术感染力，壁灯灯罩的选择应根据墙色而定（图6-19）。

4. 装饰台灯

装饰台灯的外观设计多样，灯罩材料与款式多样，灯体结构复杂，多用于点缀空间效果，与适合的环境相搭配，也是一件陈设艺术品（图6-20）。

图 6-19　室内壁灯

图 6-20　装饰台灯

5. 落地灯

　　落地灯常用作局部照明，有移动的便利性，对于角落气氛的营造十分实用。落地灯的照明方式若是直接向下投射，适合与阅读有关的活动；若是间接照明，则可以调整整体的光线变化。落地灯的灯罩下边缘应离地面 1.8m 以上，落地灯与沙发、茶几配合使用，可满足房间局部照明和点缀装饰环境的需求（图6-21）。卖场内可以不摆放沙发等日用家具，但可借用落地灯优美的造型与卖场中岛陈列用具相呼应，营造出商品优雅的气息。

6. 槽灯

　　槽灯也叫灯槽，是隐藏灯具、改变灯光方向的凹槽。槽灯是一个灯或是一组灯形成灯带，可以是多个或多组灯形成的灯带，皆用于天花棚顶

图 6-21　落地灯

和墙壁连接处。槽灯照明有扩展视觉空间、强调空间轮廓的作用，可形成强烈的立体空间效果。在天花棚顶和墙壁连接处的槽灯，将光带隐藏在灯槽内，具有鲜明的轮廓和立体空间的效果（图6-22）。

图 6-22 槽灯

7. 霓虹灯

霓虹灯是夜间用来吸引顾客或装饰夜景的彩色灯。霓虹灯由玻璃管制成，经过烧制，玻璃管能弯曲成任意形状，具有极大的灵活性。通过选择不同类型的管子并充入不同的惰性气体，霓虹灯能得到五彩缤纷的光。霓虹灯多用于户外，除了能吸引顾客还能装饰夜景，有提升建筑形象的作用（图 6-23）。

图 6-23 霓虹灯

第四节　灯光照明的照射布光方式

一、布光方式

卖场灯光照射布光方式分为直接照明、半直接照明、半间接照明、间接照明、漫射照明等（图6-24）。

1.直接照明

（1）直接照明。是光源的直射光照亮一定区域，光源对该区域物体直接照射，并且向周边扩散较少的光线（图6-25）。

（2）半直接照明。是光源直射光的一小部分光线反射到上方，使周边变得明亮的布光方式。

2.间接照明

（1）半间接照明。半间接照明与半直接照明相反，是光源的大部分直射光投射到上方，一小部分光线直射一定区域，使周边光线柔和朦胧的布光方式。

（2）间接照明。指照明光线射向天花板后，再由天花板反射回地面背景板或地面，光线均匀柔和，没有眩光的一种布光方式（图6-26）。

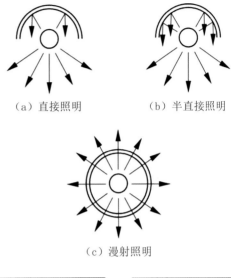

（a）直接照明　　　（b）半直接照明

（c）漫射照明

（d）半间接照明　　　（e）间接照明

图6-24　照明的种类

图6-25　直接照明

图6-26　间接照明

3.漫射照明

漫射照明是指光线均匀地向四面八方散射，没有明显阴影的一种布光方式（图6-27）。漫反射几乎不会产生阴影的变化，大部分光线会因为天花板和墙壁的反射而到达预期的表面效果，使环境照明非常均匀。

4. 聚光照明

聚光照明使照明光线集中投射到背景板或商品上，强调重点对象，这是容易产生眩光，照明区与非照明区形成强烈对比的一种布光方式（图6-28）。

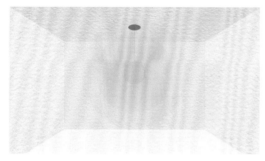

图6-27　漫射照明　　　　　　　　　　　　　　图6-28　聚光照明

聚光照明亦属于重点照明，是直接位于突出对象上方的光源。在商业环境和展示空间中经常使用。但需注意照度，因为在直射光的照射下，物体温度会上升，导致性能降低。

5. 效果照明

效果照明的光源嵌入天花板或某些建筑、装饰元素中，仅用于突出光线本身，从而产生戏剧性的效果（图6-29）。通常在室内空间，用于顶饰成型，或用在半开放空间及室外，达到美化立面的效果。

6. 洗墙

洗墙是一种充满魅力的照明效果（图6-30）。利用一系列照明点串联或通过LED灯带，在表面上产生所谓的"洗光"，是突出外观和强化空间氛围效果的理想选择。

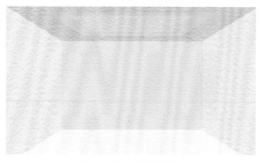
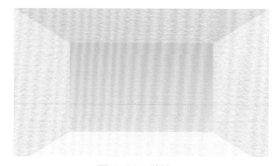

图6-29　效果照明　　　　　　　　　　　　　　图6-30　洗墙

二、照度分布

卖场照明的重要目的是吸引诱导顾客，使之按照既定的卖场动线规划布局，进行视觉移动和行走移动。光源照度就是通过照明的光线强弱来引导和暗示顾客在卖场内外的行走方向。视觉营销工作者、陈列设计师可以根据不同的照度要求，计算出卖场内各区域空间所需的照明容量以及不同功率灯具的数量（图6-31）。

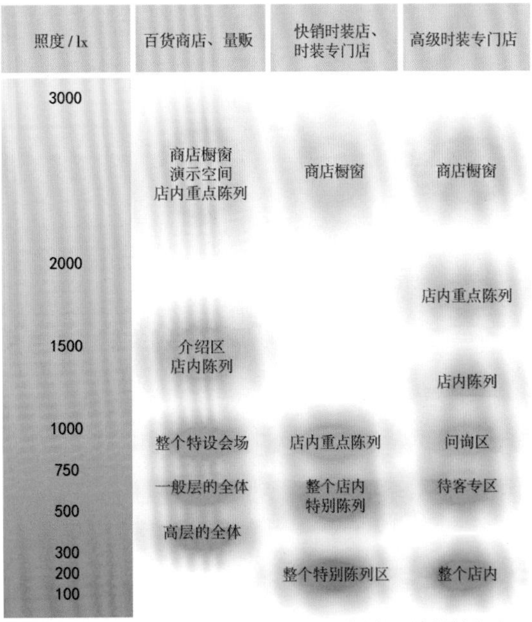

照度是反映光照强度的一种单位，其物理意义是光源照射到被照物体单位面积上的光通量，照度的单位是每平方米的流明（lm）数，也叫做勒克斯（lx）。照度越大，被照物体表面就越明亮。在同样的环境下，使用同种型号的灯源，灯具的数量与所能达到的照度成正比。为保障人们在适宜的光照

照度/lx	百货商店、量贩	快销时装店、时装专门店	高级时装专门店
3000	商店橱窗演示空间 店内重点陈列	商店橱窗	商店橱窗
2000			店内重点陈列
1500	介绍区 店内陈列		店内陈列
1000	整个特设会场	店内重点陈列	问询区
750	一般层的全体	整个店内特别陈列	待客专区
500	高层的全体		
300			
200		整个特别陈列区	整个店内
100			

注：各区域空间所需的照度并非是一个固定值，而是处在某一照度范围内即可；白天室外光亮度一般在10000 lx左右。

图6-31　照度范围基准参考

下生活，我国制定了有关室内（包括公共场所）照度的卫生标准，如商场的照度卫生标准是大于等于100lm；图书馆、博物馆、美术馆、展览馆的台面照度的卫生标准也是大于等于100lm等。一般用照度计测量照度。照度计可测出不同波长的强度（如对可见光波段和紫外线波段的测量），可提供准确的测量结果。

1. 店铺（卖场）的照明

店铺（卖场）的照明包括确保店铺（卖场）必要亮度的基本照明，以及用于局部照明的重点照明。它们不仅影响着商品的外观，还左右着卖场的氛围。如果选择不正确，可能会引发一系列问题，因此我们有必要掌握基础照明知识。

2. 表示单位

照度单位为勒克斯（lx），灯光照度的计算公式为：

$$照度（lx）= 光通量（lm）/ 面积（m^2）$$

即平均1lx的照度是1lm的光通量照射在1m² 面积上的亮度。亮度也称明度，表示色彩的明暗程度，亮度的单位是坎德拉/平方米（cd/m²）。色温指照明的光色程度，单位用开尔文（K）表示。图6-32表示不同色温及其适合的服装商品类型。

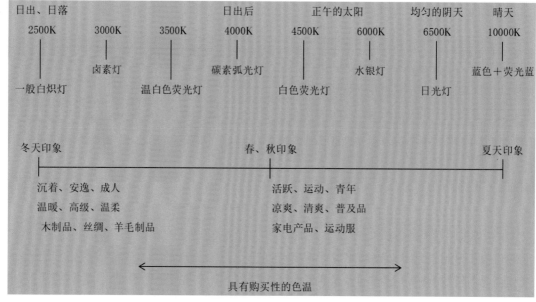

图 6-32 不同色温及其适合的服装商品类型

第五节 照明设计的形式

在店铺和卖场内，按照演示陈列与展示过程中的照明功能，通常可将其分为整体照明、局部照明、板面照明、展台照明及气氛照明等若干种照明形式，每种形式都具有不同的功能和特点。

一、照明的区域设置

照明设置的目的，首先是满足顾客观看商品的要求，照明既要符合顾客的视觉习惯，又要保证商品的展示效果。其次是运用照明的手段渲染展示气氛，创造特定的空间氛围。现代商场的陈列照明，不仅是依靠天窗和自然光，人工照明占据着重要的位置，人工照明的方式方法也多种多样，视觉营销工作者和陈列设计师有很大的发挥空间。

在进行卖场灯光照射照明设计时，要考虑三个问题：眩光问题、商品照明效果问题、灯光的散热通风问题。如果照明安排不当，会因反射而产生眩光，刺激顾客的眼睛，使顾客因厌恶而离开。橱窗灯光的设置则很少出现眩光问题，因灯光很少朝外，内打灯居多，一般都做隐蔽安排。而卖场内的情况就不一样了，试衣镜、各种装饰镜和精品柜的玻璃都会反射灯光，只要光源的位置和照射度角度不恰当，便会出现眩光。所以安装聚光灯时，往下照射的角度不得超过 45°。

高端的服装卖场由于价位高，顾客需要精挑细选，选择的时间比较充足，停留在卖场内的时间长，所以基础照明需要降低，而局部照明和气氛照明的灯光相对就显得非常重要了。卖场照明区域的设置大致可以分为以下几类。

（1）入口空间主题陈列（VP）照明区。这一区域要明亮，因此照度高，重点照明的商品色彩要鲜亮。

（2）橱窗空间主题陈列（VP）照明区。这一区域的灯具需要隐藏，在两侧布光，顶部投射光可调节。

（3）高柜货架空间重点商品陈列（PP）照明区。这一区域可采用漫射照明或交叉照明，消除阴影，在柜体内货架中可进行局部照明。

（4）试衣环境照明区。这一区域要有足够的照度，设计温馨的基础照明，避免眩光出现。

顾客在选购服装商品时，经常会将商品拿到店面外去观看，目的是看一下在日照光或自然光下面料的色彩表现如何。因为他们有过这样的经验：在卖场内看上去很漂亮的物品，买回家后看到的色彩却变了样。因此，商品的照明必须在亮度和色调上接近日照光或自然光，尤其是试衣环节中的照明显得尤为重要。

二、整体照明

整体照明及整个商店或卖场场地的空间照明，通常采用泛光照明或间接光照明的方式，也可根据场地的具体情况，采用自然光作为整体照明的光源，另外在重点演示区域做重点照明。为了凸显商品的照明效果，整体照明的照度不宜过强，在一些设有道具和陈列设备的区域，还要通过遮挡等方法，减弱整体照明光源的影响。在一些人工照明的环境中，整体照明的光源可以根据展示活动的要求和人流情况有意识地增强或减弱，创造一种富有艺术感染力的光环境。

通常情况下，为了突出系列商品的光照效果，加强商品销售区域与其他区域的对比，整体照明常常控制在较低照度水平。在店面整体照明光源方面，通常采用槽灯、吊灯或直接用发光元器件构成的吊顶，也可以沿卖场四周设计泛光灯具。如图 6-33 所示，整个陈列空间以黑色天花板的照明

图 6-33　整体照明

作为整体照明出现，边缘用灯带照明的方式将各个陈列区域划分清晰，也作为整体照明而设置。

三、局部照明

与整体照明相比，局部照明更具有明确的目的，根据演示展示设计的需要，最大限度地突出特殊商品，完整呈现商品的整体形象。对于卖场内不同的陈列空间，局部照明可采用以下方式。

1. 主题陈列（VP）空间展柜照明

封闭式的VP空间展柜，通常用来陈列比较贵重的商品。为符合顾客的视觉习惯，一般采用顶部照明方式，光源设在展柜顶部，光源与展品之间用磨砂玻璃或光栅隔开，以保证光源均匀。如陈列展柜是可俯视观看的矮柜类型，也可利用底部透光方式来照明，或柜内安装低压卤钨射灯。这样的话就必须尽量采用带有光板的射灯并仔细调整角度，以减少眩光对顾客视线的干扰（图6-34）。

图6-34　主题陈列（VP）空间展柜照明

2. 聚光照明

如果陈列展柜中没有照明设施，需要靠展厅内的灯光来照明，通常以射灯等聚光灯作为光源。采用这种照明方法时，必须保证展厅内的射灯位置以及角度适当，并且离展柜稍近些，同时调好照度，减少玻璃的反光。聚光照明就是采用这种办法，俗称伦布朗光，在展示商品斜上方30°～45°的天花板上用聚光灯照射，可以形成商品的亮部和暗部，突出立体感，也让商品更有质感（图6-35）。

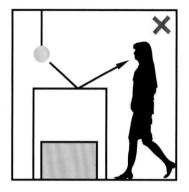  

图6-35　聚光照明的不同情况

3. 板面照明

　　板面照明指墙体和展板（背景板）以及悬挂商品的照明，大多为垂直表面的照明，这类照明大多采用直接照明的方式。一种是在展区上方设置射灯，通常用安装在卖场天花板下的滑轨来调节灯的位置和角度，以保证灯的照明范围适当，并使灯的照射角度保持在30°左右。另一种照明方式是在背景展板的顶部设置灯檐，内设荧光灯。二者相比，前者聚光效果强烈，适合绘画、图片等艺术作品或其他需要突出的商品照明；后者光线柔和，适合文字说明等的照明（图6-36）。

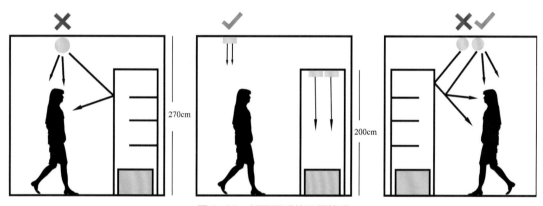

图6-36　板面照明的不同情况
注：√和 × 表示照明设备放置的位置是正确的还是错误的。

4. 展台隔板照明

　　展台隔板上陈列着触手可及的商品，所以最好采用射灯、聚光灯等聚光性较强的照明灯具，也可在展台上直接安装射灯或利用展台上方的滑轨射灯。大多数卖场采用的是滑轨射灯。灯光的照射不宜太平均，最好在方向上有所侧重，以侧逆光来强调物体的立体效果。在一些大型的主题陈列（VP）空间展示台中，在内部设置灯光来照明台面和人形模特模型，营造特殊的艺术气氛。

展台隔板内的商品，顾客可以触手可及，也能借头顶上方的光源一看究竟（图6-37）。

5. 气氛照明

气氛照明可消除暗影，在演示陈列中制造戏剧化的效果。它不仅可以照亮商品，还用来照射墙壁营造气氛，可以直接照射人形模特模型，还可以用来照射印有商品活动的平面广告。在橱窗内，气氛灯光可以制造出彩色光，造成戏剧性效果。在卖场内，气氛灯光可以使商品的陈列更具有特色。因此，气氛灯光要求亮度要大。

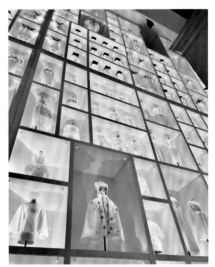

图6-37　展台隔板照明

在商品陈列范围采用气氛照明，要解决两个问题，即明暗问题和色彩问题。可以将从大自然的照射中观察到的现象和体会到的经验应用在陈列照明中。店面卖场的陈列灯光大部分从上面或从侧面照射，很少有像剧场那样用地灯照射的，因为光从下往上照射，容易被陈列用具等装置或悬挂的服装等商品挡住并形成阴影。侧面照射对家具类商品陈列设计比较适宜（图6-38）。

气氛灯光作为商品艺术照明中的一个内容，在橱窗内用这种灯光效果，会对路过的行人产生很大的影响，使之产生好奇心而想去看个究竟。如图6-39所示，橱窗内除了精心设计的演示道具外，还有精心设计的艺术照明，吸引路过行人驻足观看。

图6-38　气氛照明

图6-39　橱窗中的气氛照明

第七章
服装陈列设计与视觉营销

品牌的商业性质就是通过销售业绩的达成来实现企业价值，销售目标的实现也需要规划的实施。为了助力销售，企业会根据自身经营战略、市场情况、消费洞察等进行视觉营销。换句话来说，视觉营销是完成销售目标的重要环节，好的"千里马"需要"伯乐"去赏识，这对于商品销售一样可用。视觉营销通过陈列企划将商品变为"有声的语言"，通过空间陈列设计将商品的视觉形象传达给消费者。从市场洞察、制定计划再到方案实施这一系列的操作都需要理论与实践的支撑。

第一节　视觉营销中的陈列企划

一、视觉营销的理念

视觉营销即 VMD（Visual Merchandising），指通过营造视觉的冲击力来增强消费者的兴趣，达到商品推广的目的，以便于商品更多地被记住或者被销售。它是计划、流通、销售等商品战略的一种视觉表现系统，其含义是将商品的推广策略转化为视觉上的表现。视觉营销将商品信息和品牌理念通过视觉陈列的表现方式进行展示，以凸显产品的特质与价值，吸引潜在顾客驻足目光并激发其购买兴趣，最终达到销售的目的。同时也借此机会推广企业信条和经营理念。视觉营销是多种学科融合的营销方式，它涉及营销学、美学、设计学、材料学和心理学等学科，并融合声光、影像、媒体等技术。视觉营销反对同质化的设计现象，始终倡导策略性、创意性和差异化的设计原则，以便与其他竞争品牌形成差异化的信息识别。它在遵循市场规律的原则下，以创意作为灵感来源，借助企划与陈列设计，来实现品牌营销的目的。通常所说的视觉营销侧重于零售环节，服装陈列因其多元化的主题、差异化的造型以及深刻的情感表达，在视觉营销中脱颖而出，且独树一帜。

"VMD"一词源自美国。20 世纪 70 年代，在残酷的市场竞争以及超级市场风靡的背景下，传统店铺已经无法满足人们对于购物的需求，迫使从业者寻找突围方法，改变市场困境。于是销售低迷的美国百货从业者提出了"市场定位差异化战略"这一策略。纽约的 Blooming Dale（布鲁明·戴尔）百货公司（图 7-1）引进视觉营销概念，作为店铺差异化策略引起很大的反响，其他百货公司也纷纷效仿。欧美国家把这个词缩写成 VM，日本将其改成专有词 VMD，并将其定义为"商品计划视觉化，即在流通领域里表现并管理以商品为主的所有视觉要素的活动，从而达到表现企业的特性以及与其他企业差别化的目的。这项活动的基础是商品计划，必须要依据企业理念来决定"。

图 7-1　布鲁明·戴尔百货公司

视觉营销包含 MD（Merchandising，商品企划、商品策略）、MP（Merchandise Presentation，商品陈列形式）、SD（Store Design，店铺空间设计与规划布局）。与以往相比，视觉营销差异化策略的最大区别在于商品种类的组织方式不同。商品市场销售方式的变革，使商品的陈列从传统的信息传递发展成营销的手段。视觉营销的出现，更新了零售品牌传播的流程体制，它使传统的、千篇一律的商品企划变成了企业根据自身理念独立进行商品企划，并结合自身差异化特色，应用于各终端门店的商品陈列企划中。久而久之，视觉营销逐步成为一种市场主流的思维方式。从 20 世纪 90 年代至今，在商业空间格局中，生活文化空间越发多样化。经济的发展也使得消费形态多样化，购买行为多种多样，不同的年代对应的陈列模式也不尽相同（图 7-2）。

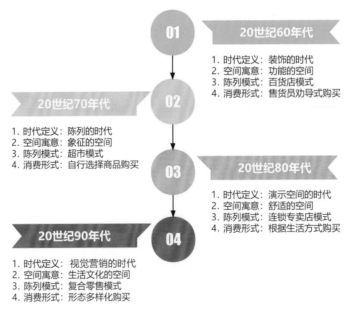

图 7-2　视觉营销中的时代变化和陈列模式

二、视觉营销中陈列的作用

1. 聚焦视觉中心

众所知周，人们接收到的 83% 的信息来源于视觉，视觉会潜移默化地影响人们的认知、思维和记忆等，丰富人们的情绪体验。当人们观察外部事物时，映入眼帘的总会有一个视觉焦点，即视觉的中心焦点，视觉的中心焦点能够引起关注者的高度注意，吸引关注者的视线，使关注者能更准确地通过视觉获取环境中的信息。视觉营销借助无声的视觉语言，利用对比、夸张、抽象等艺术表现手法，加之商品陈列独特的造型、色彩、灯光和装置等，将关注者的目光聚焦于重点陈列商品上，使关注者能够驻足欣赏，丰富其对商品陈列所带来的视觉体验，从而实现两者的互相沟通，向顾客传递品牌文化、商品风格和设计语言，达到品牌形象的传递和商品销售的目的。如图 7-3 中的陈列设计，利用抽象的艺术、夸张的造型和动感的色彩来聚焦顾客的视觉中心。

图 7-3　聚集视觉中心的橱窗设计

2. 唤起审美愉悦

美国著名经济学家约翰·肯尼思·加尔布雷思（John Kenneth Galbraith）说过："我们没有理由主观地假定科学和工程上的成就便是人类享受的最终目的。消费发展到某一限度时，凌驾一切的兴趣也许就在于美感。"人们特有的审美意识，使视觉的功能性更加突出，世间万物的形态、色彩等都是人们丰富多彩的审美对象。视觉营销重视商品的视觉化传递，无论是高贵的、优雅的、特别的、有趣的陈列布局都能够引发顾客愉悦的心理，为顾客带来好感，如高田贤三品牌的橱窗设计给人以审美愉悦（图 7-4）。如今的商业购物中心不仅仅是单纯为满足购物而进行商业配置，而是致力于为顾客打造时尚性、休闲性、艺术性且满足生活购物的一站式体验购物场所。服装终端店铺多半设置在购物中心内,是为顾客带来穿搭情景体验和传达时尚文化的重要场所。

图 7-4　高田贤三品牌的橱窗设计

3.增强商品趣味

时代的审美趣味决定着主流趋势,主流趋势影响着商品的视觉营销陈列。视觉上新奇、有创意的陈列表现能够增强商品的趣味性,并且能够给顾客带来对商品趣味性的直观感受,如迈克高仕品牌将生活中排队的场景作为创作灵感,有趣味的场景使人们产生共鸣感,为顾客打造了趣味性的商品陈列(图7-5)。众所周知,在视觉化营销陈列中,服装卖场的视觉化营销重点是对服装的展示。在橱窗以及重点空间区域对服装的穿搭进行完美的展示,更好地表现服装的风格、特点和文化内涵。通过

图 7-5　迈克高仕品牌趣味性的生活场景陈列

对服装的展示陈列，为该类型服装提供完美的穿搭范式，并通过细节之处表现服装的美奂绝伦与匠心技艺，来引起顾客的关注和兴趣。

4. 激发购买欲望

视觉营销将有价值的商品与他人交换并以此来满足人们对物质消费的欲望，再通过营销战略和对商品的视觉化表达，以此来展现商品的价值。从引起顾客兴趣，再到引导进店体验，最终达到销售的目的，一系列的视觉营销过程形成了商品销售的有效闭环。为顾客带来物质和精神上的满足感，激发顾客的购买欲望是视觉营销的核心价值所在，通过对商品形象的分析，以视觉化的手段将商品进行陈列展示，再用别出心裁的艺术表现手法，为顾客营造出感同身受的生活情调和场景化的体验情景。如普拉达品牌的户外场景化陈列（图7-6），将顾客带入情景之中，使顾客身临其境，不由自主地使其产生与自己生活方式和审美趣味的联想，由此对陈列的服装产生浓厚的兴趣，不禁构思自身穿戴的模样以及情景，从而产生随机型和冲动型的购买动机。

图7-6　普拉达品牌的户外场景化陈列

5. 体现企业形象

视觉营销不仅仅是对商品的营销和视觉展示，也能够通过商品的营销和视觉展示来传达企业形象和品牌理念。企业形象和品牌理念不仅是物质的表现，还是抽象精神内涵的传达，因此，视觉营销工作者还会借助无声的视觉语言，来表现企业的品牌形象以及自身价值。当独立的单品或者标识出现时，消费者虽然能够辨别出是何品牌，但是远不能联想到品牌文化的内涵。通过视觉营销和视觉展示手段，将品牌想要传达的各种要素有机结合在一起，形成完整的营销策略，进而营造出品牌想要表达的审美意境和文化内涵。充分发挥视觉营销的作用，在潜移默化的过程中使顾客了解、接受企业品牌形象和文化内涵。例如路易威登品牌运用其独特的"四叶花"识别符号，结合视觉营销的商品陈列，向消费者展示自己的设计风格和品牌形象（图7-7）。

图 7-7　路易威登品牌的陈列设计

三、视觉营销中的陈列规划

视觉营销的陈列规划如同检索功能的作用一般，目的是使顾客能够以最快速的方式检索到心仪的商品。服装商品的款式极其丰富，且更新迭代较快，所以服饰商品终端卖场的空间规划尤为重要。视觉空间的规划不仅需要熟悉企业品牌的运营战略，还要熟知商品的参数、特征、功能等要素，更要从销售环节上对市场和竞争品牌进行全方位的了解，最后对客群进行清晰定位，揣摩顾客的消费心理，来系统地对视觉营销进行陈列规划。通过视觉营销的陈列规划，使商品视觉化更加清晰，为"人""货""场"提供良好的沟通环境。解决终端卖场商品陈列形式问题的规划，常见的有三种形式，即主题陈列（VP）、重点商品陈列（PP）、单品陈列（IP）。

1. 主题陈列

在卖场内，首入顾客眼帘的视觉点一般为橱窗陈列（图7-8）、卖场入口陈列（图7-9）或者卖场展台陈列（图7-10），这样的地方被称为主题陈列（VP）空间。其主要目的是使商品更生动、更戏剧化，通过演示顾客生活方式的情景，吸引顾客注意，刺激顾客的购物欲望。一般来说，主题陈列空间要明确表达主题，设置在能够表现品牌或者商品整体形象的位置，在陈列展示上要以顾客的消费喜好为原则，选择符合当下潮流趋势、色彩突出、主旨鲜明、季节性强的商品，一定程度上能更加吸引视线。

图 7-8　主题陈列空间中的橱窗陈列

图 7-9　主题陈列空间中的卖场入口陈列

图 7-10　主题陈列空间中的卖场展台陈列

2.重点商品陈列

重点商品陈列（PP）可以理解成重点推广或者对销售业绩起到重要作用的商品陈列空间。重点商品陈列空间（图 7-11）是顾客进入店铺后视线的主要集中区，也是商品卖点的主要展示区域，又是店内视觉效果最强的展示区域，是店铺各个区域的"标签"。同一空间和时间内会有多个重点商品陈列空间，用以规划和引导顾客的行走动线，目的是为顾客提供服饰整体搭配体验，便于引导销售。

重点商品陈列经常与单品陈列一起展示，通常情况下，重点商品陈列与单品陈列搭配陈列时（图 7-12），要在设定重点商品陈列后，再考虑单品陈列的商品内容，二者必须具有相互关联性，便于顾客拿取或与其他服装做对比。

图 7-11　重点商品陈列空间

图 7-12　重点商品陈列与单品
陈列搭配陈列的场景

3. 单品陈列

单品陈列（IP）是在服装量贩式单品陈列的容量区，根据特定的规则对商品进行分类展示，多为侧挂陈列或叠装陈列（图 7-13）。此部分陈列空间占据了卖场的大部分区域，是顾客最后形成消费的必要触及空间。单品陈列空间对卖场氛围具有非常大的影响，并不亚于主题陈列空间和重点陈列空间的作用，是决定顾客是否购买的重要陈列空间。为了清晰展现商品的参数和卖点，使顾客更简单、方便地购买商品，单品陈列空间内的商品必须按照一定的规则要求进行分类、整理和陈列，主要以商品摆放为主，一切以服务于顾客更容易购买为准则。

图 7-13　单品陈列空间

一家完整的卖场其陈列空间往往由主题陈列（VP）空间、重点商品陈列（PP）空间、单品陈列（IP）空间三部分组成，三者各尽其责，既独立存在又相互关联与影响，形成了一套完整的终端销售流程闭环，同时这也是陈列设计师必备的基础知识。理解三者在各个空间区域中不同的作用和展示技巧，至关重要。表7-1是三者的空间功能介绍与对比。

表7-1　VP、PP、IP空间的对比

要点	VP空间	PP空间	IP空间
展示作用	提高关注度并吸引顾客进店，也是品牌的形象传达	利用磁石点，结合陈列的商品，设计行走动线并引导销售	提升卖场货品的存储量，延长顾客观赏时间，达到最终销售
特点	全店焦点，以情景展示为主，重视主题性和故事性的氛围营造	区域焦点，以商品展示为主，注重商品完整搭配，遵循就近陈列原则	量贩式的单品陈列，重视规则性和统一性
规划设计	品牌基因，场景化	有目的地设置引导顾客在店内的行走动线	增加商品的关联性，方便顾客选购
商品选择	时尚潮流品、首发新品、爆款主推品，以及适季产品	组套的商品搭配，遵循就近原则陈列	量贩式的单件商品
展示形式	卖场入口展台、橱窗、模特组合、店内文化墙等	模特、货架正挂、"展台+模特"组合等	量贩式侧挂、叠装等
展示区域	卖场入口、橱窗、中岛展台等	依据视觉规划的行走动线，布局卖场各区域	货架侧挂、货架展台、仓储式区域等
注意要点	①思考如何表现主题的情景化 ②如何区别于其他展示的表现方式 ③突出VP核心重点，并与其他展示点做出区隔	①聚焦点及完整性的结构 ②以提案性的内容来呈现 ③以具有吸引力的展现方式来呈现商品 ④增加使用空间	①垂直或者水平整齐地排列商品 ②侧挂与叠装的平衡 ③临近商品间的协调感

第二节　陈列管理的基本内容

现代著名的企业家、通用电气公司首席执行官杰克·韦尔奇曾说："管理就是把复杂的问题简单化，混乱的事情规划化。"众所周知，服装产业因其独特的行业属性，商品更新迭代很快。面对复杂的视觉营销全案规划和设计，有效的管理是协调品牌运营和终端卖场，认真贯彻执行视觉营销方案的重要举措。购物氛围、陈列效果、服务质量等作为管理经营的重点内容，对消费者的购买决策发挥着至关重要的影响，所以需要建立一套完整的陈列管理制度，使流程标准化和制度化。

一、计划管理

列宁说过："任何计划都是尺度、准则、灯塔、路标。"计划是指组织根据对外部环境与内部条件的分析，制定出在一定时期内需要达到的目标，以及实现目标的方案途径和对资源的安排。在管理实践中，计划是其他管理职能的前提和基础，并且渗透到其他管理职能之中，它是管理过程的中心环节。因此，计划在管理活动中具有特殊重要的地位和作用。视觉陈列的计划管理可分为目标设定、分析目标、目标分解和结果达成四个步骤（图7-14）。

1.目标设定	2.分析目标	3.目标分解	4.结果达成
设定目标 判断可行性	分析成因 重点、困难点 方案优化	步骤分解 细分流程 人员配置	优化改进 目标达成 及时复盘

图7-14　计划管理步骤

1.目标设定

首先要合理设定好视觉陈列的最终目标，判断目标完成的可行性，并思考通过哪些技术手段来提高工作效率和质量，以达到最终的顺利交付。

2.分析目标

分析该项目成立的原因，分析完成该项目的重点、困难点和突发情况等，分析实施视觉营销工作背后的逻辑，以便于流程体系的搭建、执行力的提高和资源的灵活调配。

3.目标分解

管理的目的就是使复杂的问题简单化和流程化，这就需要视觉陈列管理人员对全盘方案进行拆分，规划出工作细分流程、工作重点内容和各项人员配置。

4.结果达成

通过前期计划的目标设定、分析和分解，对计划结果进行优化和改进，并设置计划达成情况的奖惩制度，以此激励员工的能动性。

二、品质管理

品质管理是以质量为中心，以全员参与为基础，目的在于通过让客户满意而达到长期成功的管理途径。视觉陈列实施过程的品质管理涉及人力、商品、环境、场景、道具和服务等事项，具体见表7-2。

表7-2 终端卖场视觉陈列的品质管理具体事项和要求

品质类型	管 理 要 求
店员仪容仪表	店员要统一配备工作服装，仪容要焕发活力，仪表要整洁，需要接受礼仪培训等
VP、PP、IP三大空间	三大空间的陈列要安排合理，橱窗、服装、配饰和道具要遵循操作要求，所有空间陈列效果要严格按照陈列手册操作
灯光照明	店内灯光要分布合理，三大空间陈列区域的照明要协调，重点商品照明要突出，角度要正确、符合设计效果要求
服饰商品	服饰无破损、无污渍，无褶皱，且按照正确组合陈列摆放，各区域空间服饰的外观和数量要符合陈列手册要求，款式要丰富，且人形模特身上的服饰造型要生动、有美感
陈列道具	陈列道具要严格按照陈列说明进行使用。道具要合理使用，定期检查和更换破损、过期道具，并及时返库，要对道具尖锐的棱角处做安全防护处理
人形模特模型	人形模特模型要按造型手册摆放和穿搭，表面无破损掉漆现象，要与展示服装的尺码适配并用珠针适当定型，VP空间的人形模特摆放位置要安全合理，并适当增加装饰道具烘托氛围
试衣间	试衣间要干净整洁，试衣镜、座椅、挂衣钩、鞋具等干净整洁且无破损
收银台	收银台的台面要干净、整洁、无杂物，收银所需的支付用品和点钞用具要摆放合理，销售报表、票据和文具等要整齐归置
店内背景音乐	店铺背景音乐的风格要与卖场主题相吻合，背景音乐的乐曲数量要充足，音量要适当，根据不同时间段来调整背景音乐
店内温度	店内温度要随着季节和时间进行调节，夏天要使人感到凉爽舒适，冬天要使人感到温暖惬意
店里味道	根据店铺商品的主题和风格，选择适合的清香剂，保持店内清香度，并根据季节做出合理调整与变化

三、预算管理

美国著名管理学家戴维·奥利曾说："全面预算管理是为数不多的几个能把组织的所有关键问题融合于一个体系之中的管理控制方法之一"。预算管理是管理者对管理行为的量化，这种量化的标准能够有效协调和贯彻项目执行，是现代企业不可或缺的重要经营和管理模式。零售企业在进行市场战略部署时，都会将用于视觉营销的费用计算出来，以塑造企业形象和促进业绩指标的完成。视觉陈列的预算费用包括陈列道具研发与制作预算、宣传广告预算、陈列施工预算、货品物流预算、人员培训和安全设施预算等。视觉营销工作者在计划管理前期要根据活动预算对陈列主题和细分项目进行精确的费用把控，重点考虑材料、人力、施工、安全、配置等要素，要在保证效果的前提下，节约成本，降本增效。

在陈列预算管理的制定中，并不是根据当下本身现状进行预算控制，而是对接下来的发展趋势进行合理预算控制。陈列预算管理中要确定预算管理的实际责任人，并以此作为业绩考核指标的重要因素，使其最大程度上将预算科学合理地分配。陈列预算管理要计划投资回报率（ROI）产出比，以利润最大化来进行陈列企划，管理者要以年、半年、季度等（适应市场和经营情况调整）为基础计划单位，根据各终端门店的面积和销售占比进行预算的合理配比，也可以以目标业绩为导向，进行预算的合理配比，并使预算管理流程化、标准化和透明化。

四、安全管理

安全管理是视觉营销陈列企划中重要的组成部分，为使陈列方案能如期展示，在陈列施工阶段和展示阶段，视觉营销管理者必须进行安全管理。视觉营销的安全管理包括人身安全和场地安全两个方面：在陈列进场安装施工过程中，要严格考虑施工人员和商品的安全；在陈列展示阶段，要严格考虑店内陈列空间和顾客安全等问题。

常见的安全管理可分为施工安全、设施安全、商品安全和动线安全。在施工安全方面，管理者要重点关注施工人员的现场操作安全、现场施工工具安全、现场施工用电安全、设施安装安全、现场道具的挪动安全等问题。在设施安全方面，管理者要重点关注所有陈列装置和商品摆放的位置安全，避免因外力碰撞掉落而误伤顾客和销售人员，如机械装置、广告装置、橱窗玻璃、人形模特、照明设备等都是重点关注的安全管理对象。在商品安全方面，因为服饰卖场中易燃物品居多，必须禁止使用明火等，并且要加强消防设备的检查和定期更换。在动线安全方面，要仔细检查三大空间和动线的设计顺畅度，确保顾客能够根据设置的动线路线观看和挑选商品，避免因为动线不顺畅，造成拥挤和碰撞的安全问题。对于安全的管理与控制，必须要时刻高度重视，防患于未然。

第三节　陈列的实施与执行

"实践是检验真理的唯一标准"，视觉营销既包括一套跨学科的营销理论知识，也包括切实可行的视觉陈列技术。以视觉营销理论为支撑，与实务技术相互结合，不断完善理论基础，提升实践效益，是每位从业者共同的追求。视觉营销的最终目的就是扩大销售和品牌影响力。视觉营销工作者既是艺术家，又是商人，他们不仅需要用视觉艺术手段来感染消费者，提升产品卖点；还要分析和把握流行趋势、市场变化和消费者心理，将产品有效地推销出去，为企业创造利润。"服从商业需要，兼顾艺术创意"是视觉营销的价值所在，出色的产品曝光量和业绩表现是衡量视觉营销成功与否的重要标准。这就需要实践工作者在实操中不断突破自我，追求卓越。

服装行业因其独特的行业属性，商品的更新迭代时间较快，所以商品的企划和陈列不能一成不变，需要根据不同时间和季节的变化，对其所表达的主题进行连续的变化。视觉营销陈列的企划、设计和实施是保持品牌和商品长久不衰的重要措施。依据陈列实操流程将视觉营销实务分成信息分析、制定计划和方案实施三个方面的工作，如图 7-15 所示。

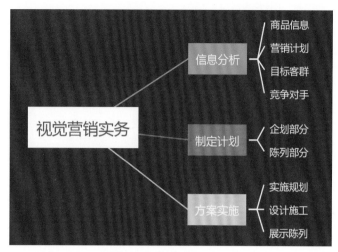

图 7-15　视觉营销实务

一、信息分析

春秋末年著名的军事家孙武在《孙子·谋攻》中写道"知彼知己，百战不殆"，视觉营销的商品、营销手段、目标客群，以及竞品的信息收集和分析，是视觉营销实务的前提和基础。一切实践的基础是收集和分析市场各种信息，陈列实操前的信息分析工作至关重要。根据市场表现情况，用调查分析法进行多维度的情报数据收集，对市场做出准确的判断，为接下来制定和实施计划提供数据支撑。表 7-3 列出了视觉营销实务中信息分析的具体内容。

表 7-3　视觉营销实务中信息分析的具体内容

信息分析	内　容
商品信息分析	①商品的基本参数 ②商品的款式、类别、风格、特点等 ③商品的市场客群定位 ④商品所要传达的文化和精神内涵 ⑤商品的终端价格定位 ⑥适应该商品的陈列手段和方法
营销计划分析	①整体营销主题和计划方案 ②需要达到的预期效果和目标 ③计划主题活动的营销手段 ④如何拆分各环节营销计划并有效实施 ⑤终端卖场的环境适应度 ⑥商品与投放组合情况 ⑦品牌推广的力度和所需完成的目标 ⑧营销所要达成的业绩目标拆分和实施 ⑨品牌所要达成的曝光量目标和方案实施 ⑩预算费用的控制

续表

信息分析	内　容
目标客群分析	①目标客群的基本信息 ②目标客群的阶层以及消费能力 ③目标客群的日常消费行为习惯 ④目标客群喜爱的购物方式
竞争对手分析	①竞品团队的人才构成、优势及技术背景 ②竞品的视觉营销主题、陈列方式和商品组合 ③竞品的陈列展示技术和工具 ④竞品所突出的商品特点和关键技巧 ⑤竞品视觉营销所传达的整体视觉和重点印象 ⑥竞品主题活动的营销策略 ⑦竞品计划方案的优缺点

二、制定计划

商品陈列计划的方案制定，是为了让从业人员能够更好地执行计划。视觉营销陈列计划包括企划和陈列两个部分，两者相互结合形成整套设计方案，并配合方案的执行与落地。视觉营销工作者需要有严谨和细致的全案设计思维，以确保企划和陈列设计的高效进行，具体流程见表 7-4。

表 7-4　视觉营销实务中的陈列计划的内容

制定计划	内　容
企划部分	①计划表现的主题和整体风格。便于统筹接下来的场景、结构、广告、色彩、灯光、音乐、道具等规划 ②计划商品配置和重点。按照商品的款式、系列、季节主题以及重点陈列商品的分类，在三大空间区域进行灵活配置，并突出重要商品特点 ③行走动线规划。依据消费者的消费行为习惯，合理规划从卖场入口引导顾客驻足不同空间区域的动线，并协同规划消费服务动线 ④公共设施配置规划。根据卖场内外部的环境因素、人流向，对卖场内外的公共设施进行公共配套设施规划，如配置防滑垫、边角贴、灭火器等 ⑤技术道具配置。针对陈列主题对所需展示道具的数量进行配给和灵活协调 ⑥费用合理管控。对设计效果研发、道具制作、施工管理、物流配置、人员管理、安全设施等预算费用进行合理管控和优化
陈列部分	①了解品牌。了解品牌形象知识，及品牌的理念识别（MI）、行为识别（BI）、视觉识别（VI）等内容，分析现有商品特点以及过往展示记录 ②分析商品。分析商品的具体参数、包括款式、造型、颜色、面料等信息 ③确定设计效果。根据主题和形象风格，确定全案设计效果和细分区域的设计效果，包括但不限于展示空间结构设计、人货场空间协调性设计、展示区域人形模特和道具形式设计等 ④氛围营造设计。确定全场的陈列造型、色彩、广告、灯光、道具、装饰等氛围的表现方式 ⑤设计及调整。根据前期构思，制作设计效果图，并进行合理的调整与优化 ⑥设计完成。设计效果图完成后，协同企划进行施工

三、方案实施

在确定最终的企划和陈列设计的主题构思和方案计划后，就进入了实施规划、设计施工和展示陈列阶段。表7-5为视觉营销实务中方案实施的流程。

表7-5　视觉营销实务中方案实施的流程

方案实施	内　容
实施规划	①依据设计效果图进行场地施工规划 ②确定陈列灯光方案和效果 ③所需施工材料、道具和装饰品的制作和购买 ④实施方案的总体时间和倒排进度表 ⑤所需费用评估和优化
设计施工	①设计主题、陈列结构、陈列空间框架的施工 ②灯光照明、音响装置的线路配置和安装 ③室内展墙的粉刷和装饰 ④所需展台、人形模特、陈列工具的摆放 ⑤所有展示效果的测试与调整
展示陈列	①根据设计效果图布置展台等设施 ②按照企划和陈列设计的预先效果摆放商品 ③测试全案效果，进行评价和优化 ④视情况进行陈列效果的微调 ⑤陈列工作完成，对陈列效果进行评价，分析其优缺点，及时复盘并留档保存

第四节　围绕视觉营销的三大主题活动

随着人们消费水平的提高，人们对商品的物质消费需求逐渐转变成为精神层次的消费满足。追求健康的、趣味性的、心情愉悦的、沉浸式体验的消费成为主流。人们生活方式的变化也影响着购物方式不断推陈出新，随之消费环境的舒适度也在不断提升。视觉营销活动的目的就是使商品与环境有机结合，并散发独特的视觉魅力，给人们带来视觉的冲击，从而达到刺激人们购买的情绪。目前，服装品牌市场竞争渐趋白热化，尤其是女装，每年以80%的商品更新率在不断突破行业的期待。千人一面的卖场设计已经无法表现服装品牌独有的特质，视觉营销的周期性设计赋予了品牌形象和理念内涵，因此变得尤为重要。以品牌文化为核心的多元化陈列活动，对引起潜在顾客的兴趣和共鸣产生着巨大的作用，使"人""货""场"之间的关系变得更为紧密。具体活动主题可分为公共关系（PR）活动、促销（SP）活动和文化活动。

一、公共关系活动

公共关系活动起源于美国，兴盛于日本。在视觉营销中，公共关系活动多指品牌形象活动，通过塑造形象、开拓流行趋势，赋予了商品销售以艺术性和情感性。公共关系活动的目的主要在于提升品牌知名度，塑造品牌美好的形象，并通过积极传达信息来促进客流的增长，间接促进销售。视觉营销工作者要高度关注潮流动态、捕捉市场信息、解析顾客消费心理等，将潮流性、艺术性、趣味性等题材的公共关系活动展现给顾客。常见的公共关系活动有主题时装展（图7-16）、周年庆、新品发售等，再如各重点节日活动的展示陈列，如圣诞节（图7-17）、春节（图7-18）、情人节等都属于这类活动的范围。终端卖场常联动所在购物中心开展公共关系活动，以便于吸引更多顾客进店购买。无论公共关系活动的主题如何设置，都需要遵循原设定的陈列企划指导原则，与企业形象相呼应。

图7-16　路易威登主题时装展

图7-17　圣诞节活动陈列

图7-18　春节活动陈列

二、促销活动

促销活动是使用一系列的促销手段和工具，通过有效的信息传播活动，直接或者间接地向人们展示该活动，并促使他们接受该商品的营销过程。促销活动是以商品的实时促销为目的的活动。促销活动是市场竞争过程中的一把利剑，往往与节日活动相结合，借助特价、满减、买赠、优惠券、游戏、积分、抽奖等一系列活动助推商品销售，来唤起消费者的购物欲望。促销活动既是一种战术性的营销工具，又是对消费者购买行为的短期激励，是以销售结果为导向的营销行为。促销活动具有调动消费者热情、培养消费者的兴趣爱好、激励消费者再次购买、提高销售业绩、形成市场反侵略和带动相关产品市场的作用。常见的促销活动有"双十一促销""双十二促销""减价热卖""换季清仓"等。促销活动要注重商品组合，形成商品化主题，通过多元化商品展示来达到活动目的。

三、文化活动

文化活动的目的在于塑造品牌心智，潜移默化地提升品牌在消费者心中的形象，也是展示品牌文化价值、服务水平、向上状态的重要方式。我们将品牌和商品比作"物"，那么文化活动不仅要将物质层面上"物"的视觉形象通过视觉营销技术来传达给消费者，而且要把精神内涵的品牌文化与价值的"意"通过一系列的文化活动，植入消费者的大脑，使消费者置身品牌文化内涵的环境中，达到潜移默化的品牌影响。服饰具有表现个人形象、气质和魅力的作用，有较强的文化性和精神性。此时就需要文化活动的力量来表现这一品牌内涵。常见的有服装潮流文化展（图7-19）、服装跨界文化联名展、服装文化沙龙等，再或者是与地方民俗文化相结合的活动，都属于文化活动的范畴。

图7-19 "新生·共生"服装潮流文化展活动

第八章
服装陈列设计的品牌营销策略与案例分析

实现销售目标、增加营业额是所有品牌店铺经营的目标。为了提高销售额，店铺往往需要根据品牌经营策略、消费市场以及商品和消费趋势等实施视觉营销设计。品牌策略的目的是系统完整地塑造品牌形象，帮助其建立品牌影响力，实现品牌主体的真正想法，从而保证品牌实现其发展目标和愿景。店铺的视觉营销设计必须服从于品牌策略，以确保品牌行为和品牌体验的一致性。因此，了解和熟悉品牌策略，是服装陈列设计不可或缺的一课。

第一节　品牌策略与营销

为了使企业在市场上始终保持竞争优势，构建完整的品牌策略与营销计划是极为必要的（图8-1）。

一、建立品牌形象

人们对品牌形象的初步认识是建立在影响品牌形象的诸多因素上的，包括品牌的名称、包装、价格、设计、文字企划、宣传片、网站等。而这些因素在消费者心中逐渐积累，就会形成品牌认知，这些认知逐渐汇聚在一起，最终形成一个品牌的整体样貌，这就是品牌形象（图8-2）。

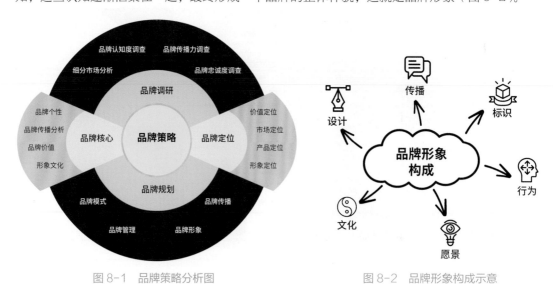

图8-1　品牌策略分析图　　　　　　　　　　　　图8-2　品牌形象构成示意

品牌形象影响消费者对品牌的价值判断，进而影响其购物欲，对于门店来说，也就达到了促进销售，增加营业额的目的。

在销售过程中，品牌通过形象传达各种信息。例如，通过商品外包装上的图形、结构、材质等设计表现商品的质感，展示商品性状；通过店铺内部的卖点广告（POP）设计、店内装饰元素、模特服饰的穿搭，形成整体的视觉营销策略；通过店内销售人员的服务，提升顾客的消费体验；等等。所有这些都有助于品牌形象的建立。优衣库的董事长柳井正在谈及优衣库的品牌形象时曾说过："我们优衣库的商品强调的是服装的基本功能，容易穿着和服装容易搭配。因此，优衣库必须成为一家重视基本功能的时装专卖店。"而我们通过优衣库专卖店的视觉营销设计也能深深地体会到这样的品牌理念，这就是优衣库建立起的品牌形象。

对于服装品牌而言，清晰的品牌形象能够加速消费者熟悉品牌的过程，使消费者不用花过多的精力和时间去了解品牌，无形中拉近了消费者与品牌之间的距离。从服装品牌店面视觉营销的角度来说，店内一系列的视觉、空间以及陈列的设计与品牌策略相统一，通过不断重复、强化品牌形象，建立消费者对品牌的识别和记忆，从而建立品牌忠诚度。

二、品牌形象的视觉传播

1.视觉传播

绝大多数的信息传播依靠的是视觉，有研究表明，人们对食物的印象80%来自于视觉感知，可见视觉形象的重要性。对于品牌宣传来说，视觉可以说是决定性的因素。有人简单地将视觉传播看作是品牌的外部包装，只是一些简单的表象，这种认识是很肤浅的。建立品牌形象是一个综合的、系统的工作，视觉也不应仅限于外部包装，而应与品牌策略的各个环节相结合，通过立体化、系统化的打造，塑造品牌的立体形象，在销售环节，建立整体的、系统的视觉营销策略，对于提升消费者的消费体验、建立品牌认知和品牌忠诚度就显得极为重要了。

2.个性化视觉

品牌策划与企业形象识别领域的专家沃利·奥林斯曾说过："对于大部分品牌来说，最主要的身份象征就是一个符号或标志。其他可知觉元素，如颜色、字体、标语或口号、音调以及表达的风格（有时称之为外观和感受）也非常重要，并且也一同组成了视觉识别样式。不过视觉识别样式的中心还是标志本身，它往往处于品牌塑造计划的重心。它的主要目的就是以一种有影响力的、简洁的、直接的方式传达企业的核心理念。"品牌视觉系统构成见图8-3。

视觉对于服装品牌店来说是极为重要的。尤其是在品牌纷杂、店铺林立的购物中心，个性化视觉能够使品牌建立起很好的识别性，在凌乱、复杂的环境中脱颖而出。良好的视觉设计除了要做到醒目外，还要能够有效、迅速地传递品牌信息，使顾客对其记忆深刻。品牌视觉元素构成见图8-4。

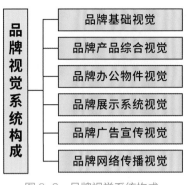

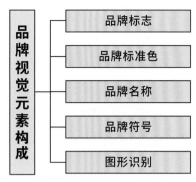

图 8-3　品牌视觉系统构成　　　　　　图 8-4　品牌视觉元素构成

在确立品牌的视觉形象之后，就要最大化地将这种视觉形象融入品牌综合识别的各个部分。例如，在品牌门店的视觉营销设计上，要对视觉形象不断加以强化（图 8-5）。

品牌视觉营销系统		
产品与展示系统设计	视觉识别系统	视觉传播系统
零售环境设计 展示设计 橱窗陈列设计	基本视觉系统 品牌视觉应用系统	传统媒体视觉 网络媒体视觉

图 8-5　品牌视觉营销系统构成

以香奈儿（Chanel）的橱窗设计为例，品牌的视觉元素为黑白经典配色、"双 C"的标识形象以及山茶花形象。可以看出其橱窗陈列正是利用了黑白的经典配色与重复手法表现"双 C"的视觉形象，强化了商品陈列的品牌识别性（图 8-6）。

有着百年历史的英国男装品牌登喜路（Dunhill）有着浓郁的英国传统绅士风格，其创始人阿尔弗莱德·登喜路（Alfred Dunhill）的父亲是经营马具店生意的商人，阿尔弗莱德子承父业之后，看准当时人们对汽车的炽热追求，生产了一系列的高端汽车用品，并成立了全球第一家登喜路汽车配件店（Dunhill's Motorities TM）。当时店铺除了经营汽车配件外，还有外出旅行所不可少的旅行箱、手提包、手套、皮衣、打火机、猎装等。

图 8-6　香奈儿的橱窗设计

图 8-7 是登喜路在中国香港开设的名为 "The Home of Alfred Dunhill（阿尔弗莱德·登喜路之乡）"的旗舰店陈列设计。阿尔弗莱德·登喜路的奢华之家是该公司独特全球理念的一部分，旨在让客户成为品牌遗产的一部分。一楼展示了豪华男装系列，包括限量版木质皮包和公文包。

图 8-7　登喜路中国香港旗舰店陈列设计

三、提升品牌内涵

一个品牌想要在纷繁复杂的销售市场上脱颖而出，就要表现出自身明确的个性。为此，品牌需要找准自身定位，而不是跟随市场风向随机而动。品牌要能够为消费者带来足够多的无论是物质上还是精神上的消费满足感。品牌策略不仅仅诉诸于视觉上的识别度，更为重要的是建立与消费者的情感联系。

以耐克公司为例，"Just Do It"是其最具传播力的广告语，耐克公司意图通过这句广告语号召消费者突破自我——无论肤色为何，无论是否有身体上的缺陷，无论身处何种逆境，只要振作起来，采取行动，就一定可以做到。通过这句口号，耐克公司抓住了人们渴望成功的心理，将品牌文化传播给消费者，成功将一种生活哲学融入商品的营销中。曾有不止一位消费者表示："耐克广告改变了我的一生""从今以后只买耐克，因为你们理解我"……

品牌策略中的社会责任（Corporate Social Responsibility，简称 CSR）有助于提升品牌文化内涵，同时在消费者心目中树立正面积极的社会形象。从另一方面说，社会责任也可以成为企业或品牌的营销手段。企业或品牌通过履行社会责任，提高其知名度，并且增加消费者对品牌或企业的认同感。

社会责任也是耐克公司的几大营销手段之一。例如，耐克公司在产品开发上推行环保和循环利用的原则，推出了"Move to Zero"（零碳行动）计划，为此，从 2010 年起，耐克公司开始投资环境可持续发展项目，在产品材料的研发上，大量使用回收物以降低碳足迹，在废弃物和能源创新的运用上也是不遗余力。耐克公司的副总裁 Seana Hannah 曾表示："除了 Air 系列的生产厂房全面采用再生能源外，制作 Nike Air 鞋底所产生的废弃物料也全面回收，重新导入物料流程，所以生产过程几乎没有废弃物。"耐克公司表示，他们的目标是"在 2025 年让全球的运营设施都能使用 100% 可再生能源，到 2030 年让全球供应链减少 30% 的碳排放"（图 8-8）。

提倡"健康的体态与生活态度，而非过度追求以瘦为美"也是耐克公司始终推行的价值观。2019 年，耐克伦敦旗舰店的陈列设计中放置了一个穿着大码紧身运动衣的胖模特，这显然与我们普通认知中身材健美的健身运动人士的印象不同（图 8-9）。此事引发了社会各界激烈的讨论，甚至有记者专门写文章吐槽："恐怕，我们和肥胖的斗争失败了。或者说，这场战争已经不复存在。肥胖已经成了一种时尚，因为（营销者）害怕惹人们不开心。"然而，力挺耐克的人们则认为，胖人也有运动的权利，不应该被歧视，耐克公司将胖模特的运动身姿展示给消费者，是对肥胖人士极大的鼓励。尽管关于胖模特的看法仁者见仁，智者见智，但在这个案例中，通过一个争议话题引发社会讨论，不失为一个成功的营销策略。

图 8-8　利用可再生能源生产的运动鞋

图 8-9　耐克公司伦敦旗舰店的陈列设计

第二节　服装品牌的营销策略

好的营销策略是成功的一半。服装品牌要获取市场的成功，不仅需要有极具市场竞争力的产品，有效的营销手段、营销策略对于品牌的生存发展起着至关重要的作用。一个服装品牌的营销策略包括产品策略、价格策略、渠道策略和广告策略四部分。

一、产品策略

产品策略是整个市场营销策略的基础，而服装根据其属性的特殊性，可以将产品分成三个层次：核心产品、形式产品以及附加产品。

核心产品指为人们提供基本功能的产品，反映了产品的使用价值所在。例如，冬天人们购买羽绒服，是为了满足保暖的需求，因而保暖性就是羽绒服的核心功能。

形式产品是核心产品的具体表现，指的是服装的物质形态和外观，具体表现为服装的质量、特征、式样、品牌名称等，是消费者选择服装的依据，也是服装企业设计生产的主要依据。

附加产品指消费者在购买服装时所获得的附加利益和服务，比如送货、保养、维护等服务，是提高企业竞争力的保证。

如图 8-10 所示，不同层次的产品反映了消费者购买产品时的不同需求，而企业品牌对于满足这些需求有较大差异性，反映了不同品牌的定位。在产品层次概念中，越是向外拓展的层次，其体现的差异性越大，因此，企业应该将注意力集中在产品概念中的第二、第三层次的挖掘上，以满足消费者的不同需求，实现品牌的差异化，从而使产品在竞争激烈的市场中立于不败之地。

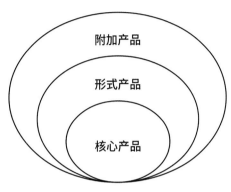

图 8-10　产品层次图

1.服装的款式

服装的款式和质量是影响消费者选购服装最重要的两个因素。人们对服装款式的选择反映了个人的性格、审美、风格、生活方式、社会地位，乃至价值观。与之相对应的，是每个品牌在消费者心目中的性格、品质、价值观等品牌形象。

2.产品组合

所谓产品组合是指一个企业或品牌生产或销售的全部产品结构，即一个企业所经营的全部产品项目和产品线的有机组合方式，也叫产品搭配。产品组合有四个参数，分别是宽度、长度、深度和关联性。在这里，我们先要对两个概念有所了解，一个是产品线，另一个是产品项目。

所谓产品线，是指有关联的或类似的一类产品；产品项目，指的是在同一个产品大类中，不同档次、品种、质量和规格的产品。

（1）产品组合的宽度。即品牌经营产品类别的多少，有多少条生产线。比如一个服装品牌有男装、女装、童装、箱包、鞋类、围巾、手套等配饰，种类越多，则产品组合的宽度越宽。

（2）产品组合的长度。指品牌所有产品项目的总和。以女装为例，产品组合的长度包括所有上装（衬衫、T恤衫、毛衣、外套等）、下装（长裤、短裤、连衣裙、半截裙等）、鞋类（皮鞋、休闲鞋、凉鞋、长靴、短靴等）。

（3）产品组合的深度。指一个产品组合中不同的品种、规格和式样。

{}

（4）产品组合的关联性。指各种不同产品线之间在用途、生产条件、营销渠道等方面相互关联的程度。通过对产品组合结构的调整，选择最优产品组合，在迎合市场需求的同时，优化企业的经济效益。

3.品牌的视觉识别系统

视觉识别系统（VI，Visual Identity）是以系统而统一的视觉符号来代表品牌的视觉化形象，包括文字、图案、色彩等元素的组合，以及在各种物料上的应用。它是品牌传达企业信息、建立品牌辨识度、使自己有别于其他品牌的重要标志，也是品牌建立的基础（图8-11）。

4.服务

对于线下品牌服装门店来说，服务包含了销售环节中的导购、售后环节的商品维护，以及为了维护客户关系的会员服务等。随着服装品牌日益繁

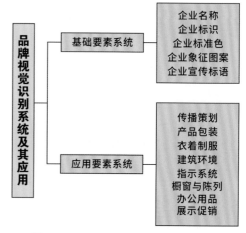

图8-11 品牌视觉识别系统及其应用

多、商品档次日益多元、针对的目标客户群也日益被细分，消费者对于服务品质的要求越来越高。虽然服务品质并不能对商品的款式和质量产生影响，但优质的服务是品牌与顾客之间有效的黏合剂，是增加品牌忠诚度的重要因素。

二、价格策略

服装商品的定价受到多种因素的影响，其中最核心的两个因素是营销目标和生产成本。

1.根据营销目标制定价格的策略

（1）以生存为目标的营销策略。这种类型的营销策略不追求过多的利润，通常为了能让企业存活，而尽量压低自身的利润，以保证生产、员工工资以及存货出手。因此，价格的制定通常只是略高于或等于固定成本。

（2）当期利益最大化。此类营销策略会借助需求函数与成本函数，制定当期利益最大化的价格，使之能产生最大的当期利润和投资回报率。

（3）市场份额引导。此类营销策略追求最大化市场份额超过所追求的利润。通常企业的做法是尽量压低商品价格，以求获得更大的市场份额。

（4）产品质量引导。企业以追求高品质为指导思想，通常采取这种营销策略的企业，商品的定价较高，因为需要对生产过程中较高的成本做出补偿。

2. 根据生产成本制定价格的策略

生产过程中的成本一般包括所消耗的生产资料的费用，以及支付给劳动者的劳动报酬。从发展的角度来看，产品的定价必须要高于成本，企业必须从生产活动中获利，才能生存下去，这是企业生产经营的根本。成本又分为两种。

（1）固定成本。在会计和经济学中，固定成本也称为间接成本，是不依赖于企业生产的商品或服务水平的业务费用。它们往往是固定的，例如厂房的租金、员工的工资、设备的折旧等。固定成本不会随着产量的增加或减少而产生变化。

（2）可变成本。可变成本是随着企业生产的商品或服务的数量变化而变化的成本，也可以被视为正常成本。它是一种企业费用，其变化与企业生产或销售的数量成比例。可变成本的增减取决于企业的产量或销量——它们随着产量的增加而上升，随着产量的减少而下降。可变成本包括制造公司的原材料和包装成本、水电费、加班费等，它随着产量与销售额的变化而变化。

三、渠道策略

品牌的营销渠道包括将商品所有权从生产点转移到消费点所需的人员、组织和活动。它是产品到达最终用户、消费者的方式，也称为分销渠道。营销渠道主要有以下几种形式。

1. 生产者→消费者（零级渠道）

生产者直接向消费者销售商品或提供服务，不涉及中间人，如中间商、批发商、零售商、代理商或转售商。消费者直接向生产者购买产品，无需通过任何其他渠道。通常，该渠道的商品和服务不被大型细分市场所利用。此外，货品的价格可能会出现重大波动。例如，高需求导致价格上涨。这种渠道通常采用直邮的方式，服装品牌一般较少采用此种渠道。

但从另一方面看，随着技术的创新、移动互联网的普及和发展，商业运作模式也在逐渐改变。网络直销渠道的激增意味着互联网公司将能够生产并直接与消费者交易服务和商品。这些也在逐渐影响着服装产业的渠道策略。

2. 生产者→零售商→消费者（一级渠道）

零售商，比如百货大楼、大型商场或超市等，会从制造商那里购买产品，然后直接销售给消费者。由于货品集中而齐全，且种类繁多，百货大楼、大型商场是许多人线下购物的首选。这种商场经营模式主要采用租赁、代销等形式。租赁是指商场将货柜租给厂家，由厂家直接派销售人员进驻商场进行销售。代销是指厂家将商品提供给商场，由商场销售人员负责销售，销售后收取一定的费用作为代价补偿。

3. 生产者→批发商→零售商→消费者（二级渠道）

批发商从生产商处购买产品并将其出售给消费者。在这个渠道中，消费者可以直接从批发商那里批量购买产品。通过从批发商处批量购买商品，降低了商品的价格。这是因为批发商带走了客户在零售店购买时通常需要支付的额外成本，如服务成本或销售人员成本。

然而，批发商并不总是直接向消费者销售。有时产品到达消费者手中之前还要经过零售商。每个经销商（生产商、批发商和零售商）都希望从产品中获得可观的利润。因此，每次买家从另一个来源购买商品时，产品的价格都会上涨，以使每个人获得的利润最大化。这提高了最终消费者到手的产品价格。

分销商是生产商的代表，代表生产商履行将商品从生产商分配给批发商或零售商的职能。经销商总是在寻找来自不同客户的订单，并积极推广生产商的产品和服务。分销商的主要任务是研究市场和创建消费者数据库、商品广告、货物交付服务组织、库存水平、建立稳定的销售网络，其中包括经销商和其他中介机构，视市场情况而定。分销商很少直接向客户销售制造商的产品。这种营销渠道常见于服装品牌专营店或加盟店。

4. 生产者→代理→批发商或零售商→消费者（三级渠道）

在产品到达消费者手中之前，这种分销渠道涉及多个中介，称为代理，主要协助生产商和卖方进行谈判。当生产商需要尽快将其产品推向市场时，代理就会发挥作用。有时代理会直接将货物带到零售商处，或者通过批发商采取替代路线，再经过零售商，最终到达消费者手中。

四、广告策略

广告、宣传和销售促进可以在促销混合中发挥核心作用。互联网的发展和消费者行为的变化创造了许多不同类型的宣传。对于某些促销目标，宣传提供了比广告或促销更低成本和更有效的方法。

品牌服装的广告可分为两大类——形象广告和促销广告。所谓形象广告，是以宣传品牌、建立品牌认知为目的；而促销广告，则是以推广某类商品，促进该类商品销售为目的。常用的广告策略一般有以下几种。

1. 媒体广告投放

选择恰当的媒体进行投放对于品牌宣传来说极为重要，关系到广告内容能否有效传达到目标客户群。广告媒介种类繁多，如报纸杂志、广播电视、各大视频网络平台、移动终端、社交媒体平台等，在互联网已如此发达的今天，关于"什么是最好的投放媒体"这个问题没有简单的答案。媒体的有效性取决于媒介与营销策略其余部分的匹配程度，它取决于促销目标、想要达到的目标市场、可用于广告的资金，以及媒体的性质，包括媒体接触的对象、频率、影响和成本。

对于服装品牌来说，除了流量集中的各大网络平台，线下广告投放也不应忽视，尤其是针对女性消费者和时尚人士的时尚类杂志。当然，服装品牌还需针对品牌自身的定位，有的放矢，选择杂志受众人群与品牌自身的目标客户群重合度最高的一类进行投放，以取得更好的推广效果。

2. 选择形象代言人

品牌选择形象代言人是一种特殊的广告形式。有一种观念认为，消费者的购买行为受到意见领袖的影响，继而对品牌产生好感。品牌的形象代言人由此产生。在选择形象代言人时，品牌方首要考量的是代言人的代言效果，影响代言效果的因素有代言人受大众的喜爱程度、代言人的社会形象、代言人在某一领域的权威性等。

当然选择形象代言人也存在一定风险。当代言人的社会信誉遭到质疑时，或发生某些有损名誉的突发事件时，品牌也会受到不同程度的影响。

3. 投放卖点广告

卖点广告是指品牌在消费者做出购买选择时传达给他们的信息，是提高门店销售额的重要工具。卖点广告通过增加产品额外的曝光度，增加顾客的选购概率。卖点广告的展示架可以出现在店铺的各个地方，例如商品陈列过道、街边招贴广告、商场外墙体、中庭悬挂、橱窗展示等。除了作为辅助展示之外，展示架还可以作为出现在商店某处的标牌，以提高品牌知名度并使产品在消费者的脑海中保持新鲜感（图8-12~图8-14）。

图 8-12　商店内过道的卖点广告

图 8-13　商店内墙体上和悬挂的卖点广告

图 8-14　商场中庭悬挂的卖点广告

通过投放卖点广告，大大增加了产品的展示次数，有研究表明，产品的曝光率越高，被购买的可能性就越大。

在制定卖点广告策略时，为确保广告的有效性，需要思考以下问题。

（1）广告需要达成的目标。例如，总体目标是增加某些产品的销售量，还是增加品牌在区域内的存在感等，不同目标直接影响卖点广告的内容和策略方向。假如销售目标是希望增加某些产品或信息的展示机会，使用挂条式展示可能更加适合；但如果营销目标是提高品牌知名度，海报板的形式则更为适合。

（2）卖点广告计划的时间表。这是一个极为重要但经常被忽视的问题，它决定了广告计划的实施和此计划的结果，并将其纳入整体销售策略。通过提前计划，明确希望达成的指标，并对计划时间的广告效果做出评估，更好地了解哪些有效，哪些无效，以便后期做出相应的调整。

（3）是否有促销活动。卖点广告是店铺促销活动时常用的一种展示宣传手段。促销或打折信息在店内出现的频次越高，消费者则越有可能寻找参与的活动商品并购买。

第三节　服装陈列设计与品牌营销案例分析

本节主要从服装的品牌战略与利益空间角度出发，从卖场的整体形态、色彩运用、照明设置等方面，具体阐述服装品牌的营销市场与卖场陈列设计。并通过介绍优秀陈列的典型案例，进一步说明服装品牌战略目标实现过程中陈列设计的重要作用。

一、优衣库零售陈列与营销策略

提起优衣库，人们立即会想到品质、实惠、简约、时尚。优衣库品牌成功的原因在于其公司文化和对创新的坚定态度。它的创始人柳井正以其"没有灵魂的公司就什么都不是"的名言而闻名。这种灵魂体现在柳井正创造并灌输给每一位优衣库员工的 23 条管理原则中，其本质包括客户至上、回馈社会和自我颠覆。

1. 品牌架构

优衣库的服装主要面向三个客户群：女士、男士、儿童和婴儿。该品牌以类型不同划分为五个大类，优衣库门店同时对这五个大类进行展示销售。

（1）外套。优衣库的外衣包括不同款式和材料的夹克和大衣、帽衫和派克大衣，以适应不同的天气条件和场合。如著名的超轻羽绒服，极薄、轻便、舒适但又具有出色的保暖性。

（2）上衣。该类别的女士服装包括由各种材料制成的功能性和舒适性佳的连衣裙、衬衫、抗皱衬衫、T 恤和 UT（图形 T 恤）。毛衣和开衫也包括在内，大多数款式均采用该品牌标志性的防紫外线材料或其柔软奢华的绵羊绒制成。对于男士服装，包括各种款式的正式和休闲衬衫、

T恤、UT、毛衣和开襟羊毛衫以及法兰绒服装。其马球T恤系列由两种不同材料制成：AIRism（轻盈凉感系列）和Dry Ex（无缝结构中的超透气网眼）。

（3）下装。该类女装包括适合所有生活方式需求的短裤和裙子、各种剪裁的牛仔裤、紧身裤（包括孕妇紧身裤）、智能裤、及踝裤、休闲裤等。男士裤子包括智能裤、短裤、牛仔裤、及踝裤、休闲裤，以及最新的创新产品——Kando裤，这是一种带有Airdots口袋的新型轻质、可拉伸和快干材料。

（4）内衣。优衣库的内衣设计以舒适为主要特点。女士服装包括胸罩、胸罩上衣、塑身衣、短裤和内裤、袜子、腿衣以及HeatTech（常规和超保暖服装）。男士服装包括内上衣、裤子、平角内裤和三角裤、袜子、腿裤以及HeatTech。

（5）家居服和配饰。优衣库的家居服和配饰包括休闲服（睡衣、休闲裤、垂坠裤和室内鞋）、鞋子（运动鞋、平底鞋和高跟鞋）、腰带。其他配饰包括床单、手套、帽子、围巾、太阳镜、包包、毛巾、毯子以及AIRism口罩。

2. 店内环境

优衣库的主要品牌传播方式之一是营造良好的店内环境。优衣库通过其宽阔的过道、明亮的灯光、整齐堆叠的货架和精美展示，营造舒适而温馨的购物体验，传达了其简约和基本的理想。尽管该品牌有意限制其产品的款式数量，但它通过将服装从地板堆放到天花板的方式，创造了一种商品极丰富可以无限选择的错觉，从而分散了消费者的注意力。

优衣库店内还有许多数字屏幕，介绍其面料和服装的实际优势。与其他快时尚服装商店里塞满衣服、缺乏秩序且没有特别关注客户服务的竞争对手相比，优衣库的店内体验脱颖而出，并对其品牌理念的有效传播做出了重大贡献（图8-15～图8-18）。

图8-15 店内光电玻璃展示柜

图8-16 优衣库中国上海旗舰店内部陈设

图 8-17　优衣库店内对环保牛仔裤工艺的讲解　　　图 8-18　优衣库轻质保暖羽绒服的展示

二、例外品牌策略及营销

近 20 年来，中国消费市场正在经历一场重大转变，消费文化正在悄然改变——从过去的注重标签、炫耀大牌，渐渐转向追求独特的、国民的、低调的风格。在这样的大背景下，本土服装品牌开始慢慢兴起。同时，一些世界名流在参加重要活动时多次穿着例外品牌服装，对该品牌的宣传起到了至关重要的作用，提升了本土时尚品牌和本土设计师在市场中的地位，从而引导了消费文化的转变。

广州市例外品牌服饰有限公司成立于 1886 年，主要经营服饰用品和文化生活用品，是一家集服饰设计、生产、销售于一体的具有先进经营理念的企业。品牌创始人马可，将东方文化融入当代时尚设计，品牌创立至今 30 余年，始终致力于传播东方的文化、哲学与生活方式。品牌以反写的英文 "EXCEPTION" 为标识（图 8-19），体现出品牌的特立独行，是游离于大众流行之外的一种别样的坚持。

图 8-19　例外品牌标识与服饰

1. 品牌策略与定位——中高端的东方美学

例外品牌服饰多以棉、麻、丝绸为材料，讲究剪裁、设计，并带入东方审美文化，由于其低调、不张扬的个性，多以东方色彩为主，灰色调和东方红是其常采用的颜色。从材质与设计款式看，品牌主打休闲装，突出随性、自然、飘逸的特点。

例外服饰以低调、含蓄、知性为特点，针对中高端人群，设计中将一些传统服饰元素与剪裁，转译为现代时尚表达，个性十足。品牌的核心理念是创造并传播东方哲学及简约自然的生活方式（图8-20、图8-21）。

2. 视觉营销

服装材质上追求天然，是例外品牌的 大特点，而在

图 8-20　例外品牌服装发布会

其店面展示陈设设计及其服装发布会的 T 台设计中，都能体现出其追求自然的风格和个性。以"例外 EXCEPTION 上海新天地店"为例，在空间设计上，店铺将对木材的运用发挥到了极致，充分体现了品牌回归自然的生活理念。

例外品牌专卖店在装修风格上基本保持统一的原木自然风格，采用深色木质地板，装饰材料也多采用木板或竹条。木，为原始之本；而竹，则象征虚心之意。上海新天地店的设计概念也源于对天然、环保的关注，从生活方式的角度来看，倡导一种朴素、生态、环保、追求自然的理念。地面采用旧船木材料进行铺装，天花板用回收的麻布米袋装饰，除此之外，店内的陈列展台也采用回收的废弃旧课桌制作而成。整个店内氛围除了自然原始的气息外，处处弥漫着乡野怀旧的基调（图8-22）。

图 8-21　常采用东方元素和色彩的例外服饰

图 8-22　例外品牌上海新天地店

　　2019 年，例外品牌在广州举行了一场秋季新品发布会，发布会的舞台设计打破例外一贯给人追求天然的印象，转而开启了一场虚实结合的宇宙飞行之旅。虽然舞台设计似乎重新讲述了一个新的探索宇宙太空的故事，但细究其设计元素和材料，仍可见木板、竹条、麻布、油纸等天然材料的运用（图 8-23、图 8-24）。

图 8-23　例外 2019 广州秋季新品发布会的 T 台设计

图 8-24　例外 2019 广州秋季新品发布会

　　走秀的 T 台设计在高低起伏的弧形上，秀场中光影虚实的结合营造了穿越时空的梦幻感，为观众带来亦梦亦真的沉浸式体验（图 8-25）。

图 8-25　例外 2019 广州秋季新品发布会舞美设计

三、"Nike 上海 001"概念店的陈列设计与品牌营销

随着数字技术对消费者购物方式的影响，服装零售店正在寻找新的方式来吸引购物者。最新的趋势是新零售店尝试使用精美的建筑、装饰进行产品展示，目标是将典型的商店变成"活动中心"，为消费者打造沉浸式的购物体验。

2018年，耐克公司在上海开设了"Nike 上海 001"House of Innovation（创新之家）——全球第一家全渠道消费体验概念店，在一家店里满足所有客户的跨媒体需求和愿望。该店强调了耐克公司营销战略的两个方面：独特会员的唯一"Nike+"购物体验，以及沉浸式购物体验（图 8-26）。

店铺的购物体验大致可以分为两条线索。一条线索是所有顾客都可以获得一般的购物体验，并可以体验卓越的零售空间设计。店铺共有四层，每一层都讲述了一个不同的故事，用沉浸式陈列设计来传达每一种商品的特色。另一条线索是专供"Nike+"会员使用的"Center Court""Nike By You""Nike Bespoke"和"Nike Expert Studio"。无需任何费用，新注册的用户即可在现场获得全新的零售体验。这是吸引新加入会员与品牌保持互动，并保持忠诚度的好方法。此外，一旦消费者成为"Nike+"会员，他们就会进入 Nike CRM 的世界，并享受更多的耐克新闻和信息、限量版优惠以及增值产品和服务（图 8-27）。

图 8-26 "Nike 上海 001"内部陈列设计　　　　图 8-27 "Nike 上海 001"店内陈列设计

"Nike 上海 001"概念店的另一大特色是将交互体验技术与购物过程无缝衔接。例如，一些"Nike 上海 001"独有的服务（如"Nike By You""Nike Bespoke""Nike Expert Studio"）的预订是通过商店专用的微信小程序进行的，小程序会实时发布店铺最新动态；中央球场的运动体验可以给顾客留下一个显示历史排名的微信好友"HTML5 记分卡"；商店周围的静态内容放置最少，大部分信息分布在旋转模块化内容的魔镜数字屏幕上；店内走动的工作人员随时可以为顾客结账，无需在收银台排队。通过零售员工身上佩戴的挂牌扫码，或通过耐克公司手机应用程序直接购买。

耐克公司将这个空间定义为"以消费者为中心""跨品类"和"超本地化"。店内占据中心

位置足有四层楼高的 LED 数位塔上，动态显示出"Nike+"会员在一楼大厅的运动成就、领跑榜，以及产品创新和灵感故事（图 8-28）。

图 8-28 "Nike 上海 001"店内的
光电 LED 玻璃屏

耐克公司为"Nike+"会员创建了"Nike Expert Studio"，并向其提供三种个性化服务：跑步、训练和直播，专家帮助用户提高运动表现或为他们提供更好的装备。

"Nike by You"等提供独特的产品定制服务，消费者可以用当地艺术家的风格将鞋子涂成任何颜色，正如耐克公司的广告语所说的那样"Just Do It"，行动起来，顾客就可以拥有一双属于自己的独一无二的鞋子。

为了使体验更加"本地化"，从而吸引更多的人流，"Nike 上海 001"推出了一系列城市独有的服装设计，仅在上海有售，在世界其他任何地方都买不到。

全渠道零售体验是一个相对较新的新兴概念。"Nike 上海 001"是一个大胆而成功的尝试，通过在每个接触点提供连贯的客户体验，重新定义了"新零售"与"新时尚"的概念。

参考文献

[1] 李当岐 . 西洋服装史 [M]. 北京：高等教育出版社，2005.

[2] 克里斯多福·威廉斯 . 形式的起源 [M]. 王业瑾，译 . 杭州：浙江教育出版社，2021.

[3]E. H. 贡布里希 . 秩序感——装饰艺术的心理学研究 [M]. 杨思梁，徐一维，范景中，译 . 南宁：广西美术出版社，2014.

[4] 新山胜利 . 畅销商品陈列手册 [M]. 东京：日本能率协会管理中心，2010.

[5] 内藤加奈子 . 打造卖场的 40 条法则 [M]. 东京：大和书房，2013.

[6] 宁芳国 . 服装色彩搭配 [M]. 北京：中国纺织出版社，2018.

[7] 日本色彩设计研究所 . 配色手册 [M]. 刘俊玲，陈舒婷，译 . 北京：化学工业出版社，2018.

[8] 励忠发 . 设计信息学 [M]. 成都：四川美术出版社，2007.

[9] 鲁道夫·阿恩海姆 . 艺术与视知觉 [M]. 孟沛欣，译 . 长沙：湖南美术出版社，2008.

[10] 张国良 . 传播学原理 [M]. 上海：复旦大学出版社，1995.

[11] 唐纳德·A. 诺曼 . 设计心理学 [M]. 梅琼，译 . 北京：中信出版社，2003.

[12] 康定斯基 . 康定斯基论点、线、面 [M]. 罗世平，魏大海，辛丽，译 . 北京：中国人民大学出版社，2003.

[13] 孙孝华等 . 色彩心理学 [M]. 上海：上海三联书店，2017.

[14] 保罗·M. 莱斯特 . 视觉传播——形象载动信息 [M]. 北京：北京广播学院出版社，2003.

[15] 漆小萍，林莉，陈鹏 . 解读网络 [M]. 广州：中山大学出版社，2003.

[16] 廖军 . 视觉艺术思维 [M]. 北京：中国纺织出版社，2001.

[17] 向海涛 . 视觉表述 [M]. 重庆：西南师范大学出版社，2006.

[18] 黄厚石，孙海燕 . 设计原理 [M]. 南京：东南大学出版社，2006.

[19] 孙芳 . 展示陈列设计手册 [M]. 北京：清华大学出版社，2016.